LE MATÉ

ÉTUDE HISTORIQUE, CHIMIQUE ET PHYSIOLOGIQUE

PAR

A. MOREAU DE TOURS

CHIMISTE-ANALYSTE DIPLOMÉ DE L'INSTITUT PASTEUR

Feuille de Maté (grandeur naturelle).

PARIS

G. STEINHEIL, ÉDITEUR

2, RUE CASIMIR-DELAVIGNE, 2.

1908

LE MATÉ

ÉTUDE HISTORIQUE, CHIMIQUE ET PHYSIOLOGIQUE

Edition publiée par les soins de la Mission Brésilienne de Propagande
28, Boulevard des Italiens, Paris.

LE MATÉ

ÉTUDE HISTORIQUE, CHIMIQUE ET PHYSIOLOGIQUE

PAR

A. MOREAU DE TOURS

CHIMISTE-ANALYSTE DIPLOMÉ DE L'INSTITUT PASTEUR

PARIS

G. STEINHEIL, ÉDITEUR

2, RUE CASIMIR-DELAVIGNE, 2.

1908

LE MATÉ

PREMIÈRE PARTIE

Historique.

L'Herva maté (*Ilex mate brasiliensis*), connu aussi sous les noms de « thé du Paraguay, thé des Missionnaires, thé des Jésuites », est un arbre de 3 à 6 mètres de hauteur qui naît et croît sur le plateau de Curityba, dont l'altitude est de 900 mètres au-dessus du niveau de la mer, depuis les montagnes de ce nom (Serra do Mar), jusqu'aux limites à l'Ouest avec l'Etat du Matto-Grosso, sur une étendue de 140,000 kilomètres carrés dans l'Etat du Parana.

Selon Martius, c'est entre le 20e et le 30e degré de latitude Sud que naît spontanément l'Herva maté, et qui correspond dans le Sud du Brésil aux Etats de Minas-Geraes, Saint-Paul, Parana, Sainte-Catherine, Rio-Grande et Matto-Grosso.

Quelques auteurs, et entre autres le savant botaniste Martius, dans son ouvrage *Flora brasiliensis*, affirment que les R. R. Pères Jésuites chargés du catéchèse des Indiens, apprirent de ceux-ci à connaître les vertus du *Taà*, mot qui signifie *Herva maté* par excellence.

Cette opinion est soutenue par le Dr Victor do Amaral qui, dans un mémoire présenté au Congrès d'agriculture de Rio-Janeiro dit : « Cette version nous paraît parfaitement acceptable, parce que les missions les plus importantes des R. R. Pères Jésuites étaient établies dans une zone étendue d' « herva maté » située entre les fleuves Paraguay, Parana et Uruguay. Les R. R. Pères Jésuites obtinrent, à l'époque de la domination de l'Espagne, pour la Compagnie de Saint-Ignace de Loyola, un privilège qui fut en vigueur jusqu'en 1771, pour l'exploitation de l'herva maté, et qui, naturellement, perfectionnèrent la méthode de préparer et de faire usage des feuilles de maté qui, primitivement étaient mâchées à l'état vert par les Indiens. »

Un grand nombre d'écrivains attribuent l'usage de l'infusion du maté aux Pères Jésuites qui, dans leurs explorations à l'intérieur du Brésil, firent adopter son usage aux Indiens, après avoir reconnu ses excellentes propriétés alimentaires.

Il nous est difficile de nous ranger à cette manière de voir et nous sommes convaincus que le maté torréfié était déjà en usage dans les tribus des habitants primitifs du Brésil, bien avant sa découverte par les Portugais.

Le maté, en effet, est employé depuis les temps les plus reculés pour préparer une boisson stimulante d'un usage journalier et indispensable. De temps immémorial, les Indiens Guaranis recouraient à la mastication de cette feuille pour soutenir leurs forces dans les voyages ou dans les travaux pénibles, en l'absence de nourriture solide.

Dans un vieux dictionnaire d'histoire naturelle, par Valmont de Bomare, publié à Paris en 1768, nous lisons :

« THÉ DU PARAGUAY OU MATÉ. — Plante qui, selon quelques-uns, pourrait être mise au nombre des « Cassines ou thé des Apalaches », parce qu'il en a l'odeur et le goût. Les missionnaires établis dans le Paraguay en font un commerce considérable avec leurs voisins méridionaux et surtout avec les Espagnols, qu'ils en tirent en échange de quoi fournir à toutes les espèces de besoin de leur pays ; ils ont l'attention de ne le vendre qu'en poudre grossière afin de déguiser la forme des feuilles dont on fait tant usage dans le Pérou, en Espagne, etc. »

Dans l'article *Thé ou Cassine de l'Amérique du Sud*, nous voyons quelles sont les propriétés de cette plante et la manière de l'absorber : « Miller dit que les Indiens de cette contrée en font grand cas et que c'est presque le seul remède dont ils font usage dans la Caroline. Dans un temps fixé de l'année, ils accourent de fort loin sur les bords de la mer, dont cette sorte de Cassine n'est jamais éloignée, ils prennent la feuille, la mettent dans une chaudière pleine d'eau qu'ils font bouillir sur le feu. Quand la décoction est suffisamment faite, ils s'asseyent autour de la chaudière et chacun en avale dans une grande tasse qui fait la ronde. Ils continuent l'usage de cette infusion pendant deux ou trois jours. Elle a la propriété de les faire vomir sans efforts, sans douleur, sans tranchées et sans qu'ils soient obligés de se baisser. Lorsqu'ils se croient assez purgés, ils se chargent tous d'une brassée de feuilles de Cassine et s'en retournent dans leurs habitations. »

M. Rezier dit que les Espagnols usent de ce remède contre les exhalaisons des mines du Pérou et qu'on en fait grand usage à Lima, où on l'apporte sèche et presque réduite en poudre.

On met la feuille dans une tasse de calebasse qu'on appelle *matte* ; on y ajoute du sucre et l'on arrose le tout d'eau chaude qu'on boit sans donner le temps à l'infusion de se faire. Pour ne pas avaler les feuilles, on se sert d'un chalumeau qui a une boule percée de trous à son extrémité. Ce chalumeau fait la ronde ; on remet du sucre et de l'eau sur la feuille quand la tasse est vide.

Au lieu du chalumeau, qu'on appelle *bombilla*, d'autres enlèvent les feuilles avec une petite écumoire qu'on appelle *apartador* ; cette liqueur est préférée au thé ; elle a un goût plus agréable ; l'usage en est si commun que les habitants les plus pauvres en prennent le matin. Le commerce de ce thé du Sud se fait à Santa-Fé. On l'apporte par la rivière de la Plata. On en distingue deux espèces, « l'une appelée *Yerba de Palos*, et l'autre *Yerba de Camini* ; celle-ci, qui vient du Paraguay, se vend moitié plus cher que l'autre. On assure que tous les ans on en tire plus de 250,000 livres pesant. Ce détail nous porte à croire que l'*apalachine* et *l'herbe du Paraguay* sont les deux plantes qui forment les deux espèces de *Cassines* ou *thé de la mer du Sud.* »

Valmont de Bomare nous apprend encore que le maté est connu des Chinois, surtout si l'on en croit l'ouvrage chinois intitulé : « *Pen-Sao-Kam-Mou-Li-Tchi-Sin* ». Les vertus de la feuille du Mategens sont admirables. Les Asiatiques croient que c'est une panacée universelle, et les Chinois y ont recours dans toutes leurs maladies comme à la dernière ressource. Voici quelques propriétés données à la plante : « Point de diarrhée, de faiblesse d'estomac, de dérangement d'intestin, d'engourdissements, de paralysies, de convulsions ; en plus de cela elle est, selon eux, merveilleuse pour réparer d'une façon surprenante les forces affaiblies, augmenter la respiration, ranimer les vieillards et même les agonisants, retarder la mort, affermir la moelle des os et tous les membres, pour réparer dans un instant la perte que procure les plaisirs de l'amour et les inspirer aussitôt, pourvu que l'on mange et l'on boive sobrement. » Cette restriction nous paraît judicieuse et être de tous les pays. Il est étonnant que l'on n'ait pas ajouté, à ce panégyrique de Mategens, la vertu de guérir les maladies vénériennes.

Les médecins hollandais le recommandent dans les convulsions, la syncope, les vertiges et pour fortifier la mémoire, mais il faut se garder d'en faire trop usage, car il allume le sang. C'est pourquoi on l'interdit aux jeunes gens et à ceux qui sont d'une constitution chaude. Au reste, la cherté et la rareté de cette plante font qu'on en use peu.

Ce rapide aperçu historique nous montre suffisamment que cette plante a, peut-on dire, été toujours connue et utilisée en Amérique. Ce n'est que beaucoup plus tard que les voyageurs l'ont fait connaître en Europe, plutôt à titre de curiosité que dans un but utilitaire.

Mais l'élan est donné : plus on va, plus la demande est forte, et le jour n'est pas loin où, en Europe, l'ouvrier et le petit consommateur, au lieu de boire tous les mauvais cafés, toutes les chicorées, les orges brûlées et le plâtre peint que la fraude leur vend à chers deniers, s'apercevront que la *yerba maté* est meilleur marché, qu'elle est plus tonique, qu'elle use moins et donne plus de forces que les autres boissons. Alors les ports de l'Europe seront ouverts au commerce de la *yerba* et nos vieilles nations posséderont un aliment de plus qui pourra compter parmi les meilleurs.

FIG. 1. — Arbres d'Herva maté.

Description botanique.

Les botanistes qui ont étudié cette plante, la classent dans la famille des Illicinées et au genre *Ilex paraguayensis*. C'est sous ce nom que cet arbre a été déterminé par Geoffroy-Saint-Hilaire ; Bomplan, de Candolle, Linné, Molina et Reuger, lui donnent le nom de *Psoralea glandulosa*. La description donnée par d'Azara confirme l'existence de cette plante sous différents noms, parmi lesquels nous citerons : *Ilex Chezeans, ilex ovalifolia, ilex amara, ilex crepitans, ilex gigantea, ilex humbolditiana, ilex paraguayensis, psoralea glandulosa, culen*, nom brésilien de l'ilex.

Tous ces genres, quoique distincts, appartiennent à une même famille (Illicinées) et sont désignés par les Indiens guaranis sous le terme générique de *Caa*, qui signifie herbe à thé. C'est de ce mot que les Espagnols ont fait *herba* ou *yerva* qui signifie herbe.

Il y a des arbres d'Herva maté de 10 mètres de hauteur et plus, couvrant une circonférence de 30 mètres ; mais ceci est une exception ; en général, l'arbre mesure de 4 à 5 mètres.

Dans la figure 1 se rencontre ce spécimen.

Le Dr Victor do Amaral dit que les arbres à maté présentent des variétés différentes, suivant les régions, la nature du sol, l'âge des arbres et autres conditions qui influent sur le ton des feuilles ; c'est ainsi que les

unes sont d'un vert jaunâtre, les autres d'un vert
obscur plus ou moins chargé. Se basant sur ces différences, le Dr Caminhoa admet les trois variétés
suivantes de l'ilex paraguayensis : « *Latifolia* ou
feuilles larges, *Longifolia* ou feuilles allongées, *Augustifolia* ou feuilles petites. Cette dernière est la plus appréciée et la plus riche en principes actifs.

Les feuilles de maté sont oblongues, lancéolées, cunéiformes à leur base, légèrement obtuses au sommet, elles mesurent de 5 à 10 centimètres de longueur et ont environ de 5 à 6 centim. de largeur (fig. 2).

Le limbe est glabre, lisse, coriace, d'un vert brunâtre quand il est desséché, et présente

FIG. 2. — Feuille de maté (grand. naturelle).

sur ses bords des dentelures assez peu profondes et
largement espacées ; la nervure médiane est très
proéminente ; sur la face supérieure de cette nervure
se détachent sous un angle de 45° des nervures secon-

daires qui se rejoignent et donnent naissance à des nervures tertiaires qui s'entrecroisent pour former un réseau à mailles assez larges qui sont saillantes et bien plus apparentes sur la face inférieure.

Vue au microscope, la feuille de maté présente les caractères suivants :

L'épiderme est glabre, formé de cellules polygonales irrégulières dont les parois sont droites. Il est recou-

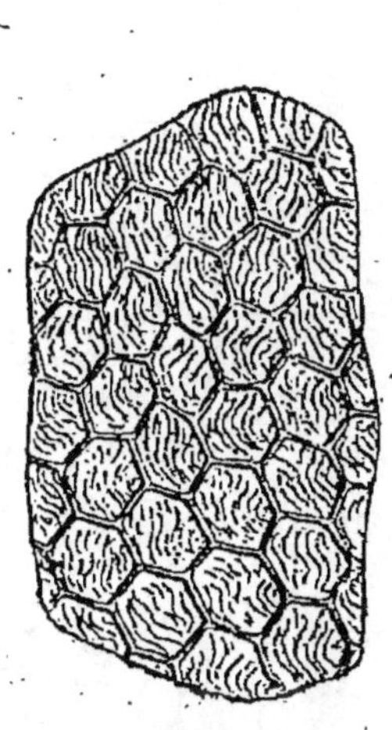

FIG. 3. FIG. 4.

vert par une cuticule assez épaisse et garnie de crêtes qui donnent aux cellules de l'épiderme vues de face, un aspect strié. Cet épiderme glabre est pourvu, sur sa face inférieure seule, de stomates qui sont entourés et recouverts partiellement par trois ou quatre cellules.

Le mésophyle est hétérogène asymétrique ; il est formé, dans sa partie supérieure, de cellules disposées en palissade sur deux rangées et, dans sa partie infé-rieure, de cellules rameuses irrégulières, laissant entre elles des méats assez larges : plusieurs de ces cellules

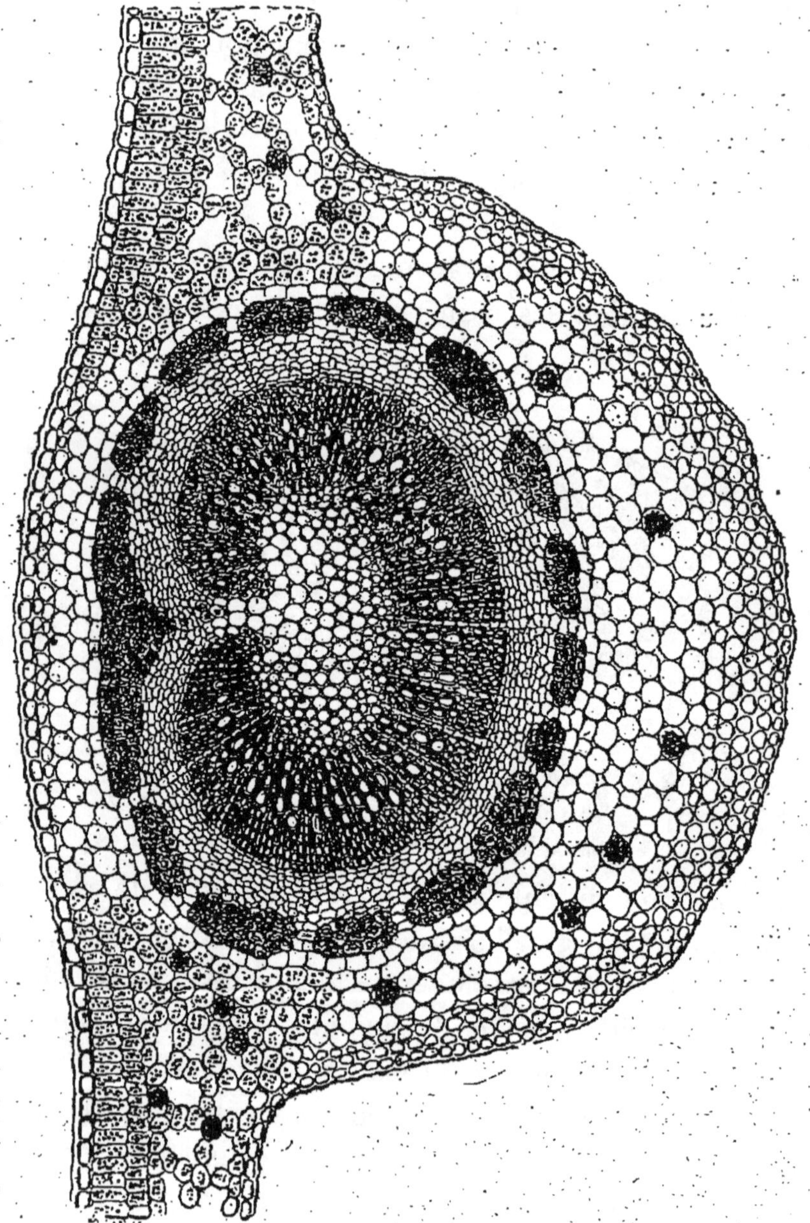

Fig. 5. — Coupe de la feuille de Maté.

contiennent des cristaux étoilés d'oxalate de chaux (fig. 3-4) (1). La nervure médiane est composée de cellules très régulières qui, vues de face, sont polygonales et un peu plus longues que larges et disposées en longues files superposées en parallèles.

Au-dessous de cet épiderme se trouve un hypoderme formé de deux ou trois rangées de cellules à parois épaisses qui recouvrent le tissu fondamental, formées de cellules arrondies et, dans l'épaisseur de cette dernière zone on observe beaucoup de cristaux étoilés d'oxalate de chaux.

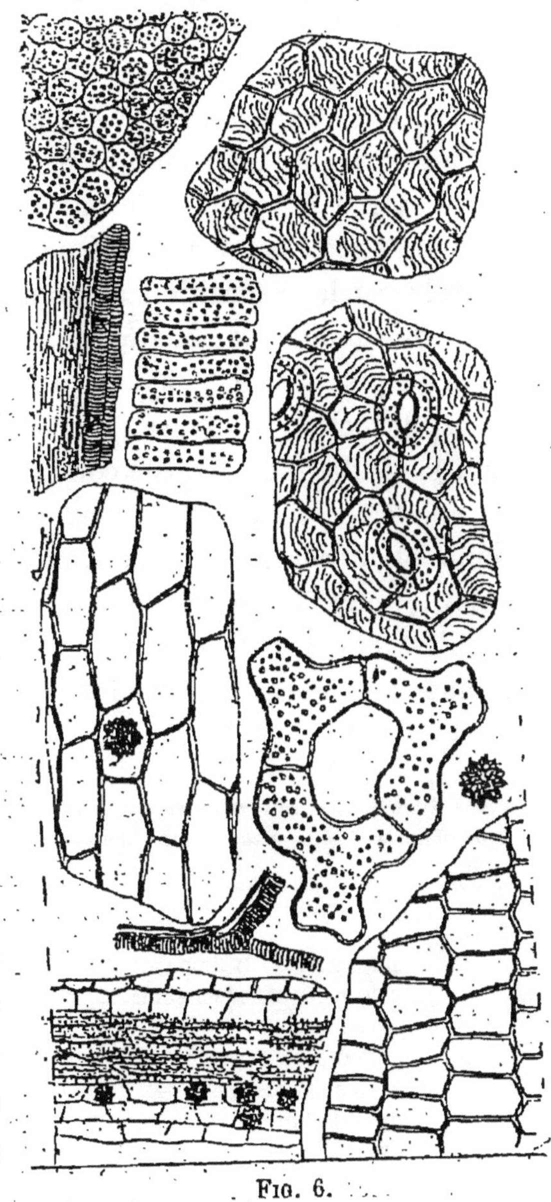

Fig. 6.

Le système libéro-ligneux est formé d'un cordon

(1) Figures tirées de l'ouvrage de MM. Villiers et Collin, *Falsification des matières alimentaires*, avec l'autorisation de M. O. Doin, éditeur, Paris, 1900.

ligneux fortement arqué dont les deux extrémités se recourbent à la partie supérieure sans toutefois se confondre. Ce cordon ligneux, formé de fibres, de vaisseaux et de trachées disposées en fibres radiales, est entouré par un liber mou et par un péricycle fibreux non continu qui forme autour du cordon ligneux un double anneau entouré par l'endoderme (fig. 5).

Telle est la disposition anatomique vue au microscope des feuilles de maté qui nous sont importées d'Amérique. Le maté ayant une valeur commerciale assez élevéeles indigènes, le falsifient en y incorporant la feuille d'un arbuste connu sous le nom guarani de guavira-mi. Cet arbre, dont les feuilles sont elliptiques et alternes, ressemblent énormément aux feuilles d'ilex; seule la composition microscopique diffère, et ce n'est que par là qu'on peut révéler la fraude, si fraude il y a, car ces feuilles ne sont mises que dans la proportion de 1/20 (fig. 6) (1).

(1) A titre de curiosité nous signalerons ce langage du maté en Amérique, d'après Montegazza, comme nous avons le langage des fleurs en Europe.

Le maté amer signifie.................. *Indifférence.*
   —   doux   —   .... *Amitié.*
   —   mêlé avec de la limonade sig. *Dégout.*
   —   avec de la canelle signifie.... *Tu occupes mes pensées.*
   —   avec du marc   — .... *Sympathie.*
   —   avec écorce d'orange — .... *Je désire que tu viennes me voir*
   —   avec de la mélisse   — ..... *Ta tristesse m'afflige.*
   —   avec du lait   — ...... *Estime.*
   —   avec du café....... — ..... *Miséricorde.*

Récolte (1)

Au mois de mars, qui est le mois de l'équinoxe d'automne, les yerbateros, c'est-à-dire les ouvriers qui exploitent les forêts de maté (yerbales), entrent en campagne.

Ils se divisent par escouades de douze à quinze naturels du pays, dirigés par un entrepreneur qui, lui-même, travaillant avec ses ressources, dépend d'un commerçant du pays, dont il reçoit des avances, des outils, des vivres pour ses hommes, et il lui remet au retour le produit de sa récolte.

L'outillage est fort simple : par homme, un *machete* (sorte de long sabre recourbé à forme japonaise, d'un mètre de long, sans tranchant, à poignée de bois), d'une hachette à main, une hache et, par escouade, un certain nombre de pelles, de cognées, de scies, pour dresser sous bois un campement. Les vivres sont des plus simples ; on compte surtout sur la forêt pour les renouveler.

Le yerbatero attaque l'ilex au *machete;* s'il est nécessaire de grimper à l'arbre, le yerbatero remplace l'étrier de nos bûcherons par une lanière en cercle fermé. Cette lanière est en cuir, quelquefois faite avec

(1) D'après Dairaux, Martin de Moussy, etc., in O'Followell, *Les Aliments d'épargne.* Paris, 1899, Jouve et Boyer, édit.

l'écorce d'un arbuste (cuibira) aussi résistante que le cuir. Cette lanière, tendue par les deux pieds, est appliquée contre le tronc; s'aidant de ses bras en même temps, le yerbatero monte, en quelques coups secs, au haut de l'arbre le plus gros.

L'arbre ainsi dénudé, ne peut être dépouillé de ses branches à nouveau qu'au bout de quatre ans (fig. 7). Les branches coupées, le yerbatero fait une charge et la porte déjà flétrie et non séchée au centre de l'exploitation, où sont les foyers. Sur le sol préparé et balayé, on a dressé quelques pièces de bois à une hauteur de deux à trois mètres. Les branches d'Ilex que l'on a apportées se rangent sans les tasser jusqu'à former une épaisse toiture. On rabat les rameaux jusqu'auprès du sol en parois serrées. Sous ce dôme, qui rappelle les tas de bois dressés par les charbonniers dans les forêts, on allume un feu de branches sèches choisies sans odeur. Ce feu lèche les parois et produit, sur tout ce qui a été entassé, une torréfaction; on entretient ce feu doucement pendant une vingtaine d'heures et on retire.

Les branchages torréfiés sont alors portés au pilon pour être pulvérisés. On se sert pour cela de marteaux pilons en bois dur mûs autrefois à la main et aujourd'hui à la vapeur, en frappant sur les branches entassées dans une caisse de bois. Parfois une combustion lente s'établit à l'intérieur des fagots sans que l'on s'en aperçoive, occasionnant la perte de la fournée à cause du goût de fumée qui, même dans les parties non atteintes, masquent l'arôme du maté.

Le maté du commerce se présente sous cinq formes :

1º La poudre avec brindilles ;

2º Les feuilles menues ;

3º Les feuilles brisées ;

4º Les pédoncules ;

5º Depuis quelque temps la marque *David*, préparée et séchée comme le thé de Chine.

Pendant longtemps, le maté du Paraguay a été considéré comme le meilleur ; mais le Dr Couty (1) a fait justice de cette erreur, et la grande demande que le maté du Parana a eu dernièrement, prouve qu'il est supérieur aux plus célèbres marques du Paraguay comme valeur alimentaire (2). Elles sont estimées à Buenos-Ayres, et tiennent le haut de l'échelle à Montevideo et au Chili.

« La poudre une fois préparée, dit Martin de Moussy, est renfermée dans des sacs en peaux de bœufs taillées en forme de carré et cousues sur le côté. Ces peaux, ramollies d'avance dans l'eau, se laissent distendre par la yerba qu'on y comprime fortement de façon à former un gros oreiller appelé *Suron*, que l'on coud avec une forte lanière de cuir. En se séchant, la peau se contracte et exerce une pression extrêmement forte sur cette poudre qui se trouve alors parfaitement tassée. Ces surons, séchés au soleil, pèsent de 60 à 140 kilogrammes et même plus. Ils sont chargés soit à dos de mulets, soit sur des charrettes, suivant les localités et expédiés vers les ports d'embarquement.

(1) *Revue scientifique*, 9 juillet 1881.
(2) Le Maté du Parana était alors peu connu.

On emballe souvent maintenant le maté dans des sacs en toile où la poudre est très comprimée ; mais le défaut le plus grave de ce mode d'emballage est de laisser échapper l'arôme du maté. »

Nous compléterons cet exposé par les renseignements suivants que nous devons à l'obligeance de M. David Carneiro, de Curytiba :

« La cueillette se fait d'avril à septembre, et les meilleures hervas sont celles qui sont cueillies dans les mois de juin à août, époques dans lesquelles les feuilles se trouvent dans leur pleine maturité ; ayant subi l'action des gelées, elles sont gommeuses et parfaitement bien fournies (fig. 8).

Comme nous l'avons vu précédemment, l'herva maté a ordinairement de 3 à 6 mètres de hauteur, suivant la fertilité du terrain, et produisant de 40 à 100 kilogr. de maté. La récolte se fait à chaque pied avec un intervalle de 4 à 5 ans, de façon à donner du temps à l'arbre pour se regarnir des branches perdues par la taille.

Le transport des hervas brutes (dans les points où il n'y a pas d'autre moyen de transport par défaut de chemins), se fait à dos de mulets ; dans les régions où se trouvent des routes ou des chemins de fer, les hervas sont transportées par voitures ou par wagons, après avoir subi une petite élaboration pour l'extraction des bois qui ne servent pas.

Les branches d'herva maté, après avoir été cueillies, sont légèrement passées dans les flammes et dans la fumée d'un feu de bois vert et ensuite placées dans les *carijos* pour recevoir leur première torréfaction qui dure en moyenne vingt heures. Après être ainsi torréfiées, elles passent par la *cancha*, où elles sont foulées pour être ensuite ensachées dans les surons et conduites aux fabriques pour être bénéficiées et livrées à la consommation.

Le *carijos* est un appareil de verges dans lequel se place l'herva maté, encore en branches, pour être torréfié.

La *cancha* est la table de planches dans laquelle on foule l'herva maté pour être transporté au dépôt des acheteurs.

Ce système est encore primitif ; — aujourd'hui on prépare le maté pour la consommation européenne par le procédé du feu indirect, appelé *barbacuà* ; on fait aussi la torréfaction du maté par la vapeur, ce qui le rend tout à fait exempt de l'odeur de fumée, dont se ressent le maté dit de *Cariso*.

Le tableau ci-contre montrera l'exportation de maté effectuée pendant la période décennale 1896-1905.

ANNÉES.	République orientale de l'Uruguay.	République Argentine.	République du Chili.	TOTAL.
1896........	8.073.271	15.721.808	1.300.851	25.098.930
1897........	4.513.031	13.411.718	567.604	18.492.353
1898......	7.942.420	14.441.458	498.784	22.882.662
1899.......	7.273.883	14.090.972	548.044	21.912.899
1900........	7.335.368	17.961.574	435.384	25.732.326
1901.......	8.408.223	16.215.671	571.670	25.195.564
1902.......	6.034.090	19.364.288	387.111	25.785.489
1903........	8.128.196	26.717.160	Par Montevideo	34.845.356
1904.......	8.016.553	24.198.142	»	32.214.695
1905........	7.561.911	21.836.350	»	29.398.261

. Dans l'année 1905 l'exportation générale du Brésil (y comprenant l'exportation des Etats du Parana, Santa-Catharina, Rio Grande do Sul et Matto-Grosso) a été de *43,205,179* kilogrammes.

Des renseignements que nous venons de recevoir nous apprennent que pour les trois Républiques, l'exportation de l'Etat du Parana a été :

En 1903......... 34.845.336 kilogrammes.
— 1904......... 32.214.695 id.
— 1905......... 29.398.261 id.

DEUXIÈME PARTIE

Mode d'extraction de l'alcaloïde du Maté.

Après avoir indiqué dans les pages précédentes la structure botanique du maté, son mode de torréfaction, sa préparation telle qu'on la pratique dans les pays d'origine avant de le livrer au commerce, nous allons étudier les différents procédés d'extraction de l'alcaloïde du maté sur la matière première, telle que nous la recevons de l'Amérique du Sud, c'est-à-dire sur le maté torréfié et jamais sur la plante verte ou simplement séchée au soleil.

La première opération à faire subir est l'épuisement, épuisement pour lequel on peut employer l'appareil de Payen (1).

A) Cet appareil, d'un usage peu courant, rend cependant de grands services. Il se compose : 1° d'un ballon tubulé dans lequel on met le liquide qui doit servir à l'épuisement ; 2° d'une allonge qui renferme la matière à épuiser (cette allonge ne doit être remplie qu'aux deux tiers, surtout si l'on veut un épuisement complet et rapide) ; 3° d'un ballon terminé en pointe et plongeant dans l'allonge ; ce ballon sert de refroi-

(1) Tous les appareils employés pour ce travail ont été fabriqués par la Société centrale des produits chimiques, 42-44, rue des Écoles, Paris.

disseur et permet la condensation des vapeurs du liquide d'épuisement ; 4° d'un tube de sûreté rempli en partie avec le liquide d'épuisement. On chauffe le ballon et on laisse l'épuisement se faire ; la durée du chauffage, pour la réussite de l'opération, est d'environ six heures.

B) L'appareil de Soxlet. Ce dernier est d'un usage plus facile. La durée de l'opération est moindre. Elle est environ de trois à quatre heures. Mais sa fragilité est considérable, ainsi qu'on peut s'en rendre compte par sa description.

Qu'on se figure un ballon surmonté d'un entonnoir long portant deux tubes extérieurs soudés à l'appareil ; l'un s'en va directement dans le haut de l'entonnoir, l'autre, en siphon, retombe dans le ballon ; le tout surmonté d'un réfrigérant Liebig à boules, en verre.

C) Le troisième, d'un usage plus simple, consiste à faire bouillir le maté dans un ballon ; ce ballon est surmonté d'un réfrigérant qui prévient l'évaporation du liquide. Après environ deux heures d'ébullition, le liquide est laissé à refroidir puis on traite, selon Wurtz, comme il suit :

Le liquide filtré est additionné de sous-acétate de plomb jusqu'à cessation de précipité. Le liquide est mis à filtrer, le filtre est lavé à plusieurs reprises par de l'eau bouillante, puis soumis à l'action d'un courant d'hydrogène sulfuré qui précipite le plomb.

Lorsque tout le plomb est précipité, le liquide est mis à filtrer de nouveau, le filtre lavé à l'eau bouillante, puis les liquides provenant du lavage sont

réunis dans un grand ballon et évaporés à 200 centimètres cubes. Sur cette faible quantité on extrait l'alcaloïde au moyen des dissolvants appropriés ou bien
par sublimation. Ainsi obtenu, l'alcaloïde est très peu
coloré et presque pur. Il est purifié
à nouveau par un nouveau lavage
par le dissolvant approprié ou par
une nouvelle sublimation.

D.) Enfin, le dernier appareil qui
m'a donné le meilleur résultat est
l'appareil de Damoiseau auquel j'ai
apporté quelques modifications. Cet
appareil modifié se compose d'un
ballon à long col légèrement étran-
glé à sa partie supérieure et portant
à l'intérieur un tube de verre étiré
en pointe assez fine qui renferme la
matière que l'on veut épuiser. Ce
ballon est muni d'une tubulure bou-
chée à l'émeri qui permet le sipho-
nage des liquides d'épuisement pour
les remplacer par un autre dissolvant et faire ainsi un épuisement
méthodique sans enlever le tube qui
contient la matière et sans toucher

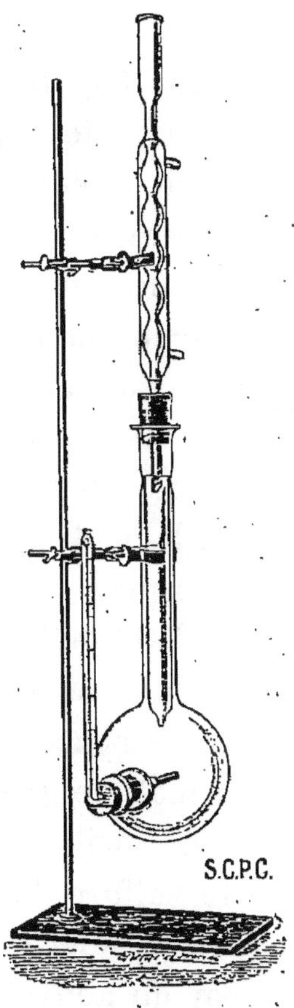

Fig. 9.

à l'appareil. Il va sans dire que le ballon est pourvu d'un
réfrigérant ascendant qui sert à condenser les vapeurs
et à éviter ainsi la perte du liquide employé pour l'épuisement. Le temps nécessaire à l'épuisement complet varie
entre trois quarts d'heure à une heure et demie (fig. 9).

Il est d'autres méthodes que l'on emploie souvent, mais celles que nous venons de citer sont les plus usitées, étant donné la vulgarisation de ces appareils.

Cependant, il est une méthode qui a été employée et qui donne de bons résultats, car elle ne nécessite aucun appareil coûteux ou fragile. Cette méthode est la suivante :

On prend 100 grammes de matière réduite en poudre très fine, on y incorpore 10 grammes de chaux fraîchement éteinte et on épuise le mélange ainsi obtenu par une solution à 5 % de benzoate de soude. On peut remplacer le benzoate par une solution à 25 ou 30 % de salicylate de soude. L'alcaloïde est absorbé par le liquide d'épuisement et peut être extrait facilement par un dissolvant tel que l'éther ou le chloroforme.

Cette méthode est très bonne lorsqu'il s'agit de la caféine, mais pour le maté on ne peut pas l'employer car le benzoate ou le salicylate de soude ne dissolvent la matière qu'en très faible quantité.

Le meilleur dissolvant est sans contredit un mélange de sulfure de carbone et de chloroforme chaud. On obtient une résine d'où l'alcaloïde est extrait ensuite par un nouvel épuisement par le chloroforme.

Dans tous ces dosages, l'alcaloïde n'est pas extrait complètement. Il ne faut pas s'étonner outre mesure si par hasard on ne trouve que 0 gr. 05 de matéine par kilogramme.

En général toutes les méthodes sont bonnes, mais tous les ilex employés ne contiennent pas la même quantité d'alcaloïde. A quoi attribuer ces différences, étant donné que dans certains ilex on a de 0,50 à 16 grammes d'alcaloïde par kilogramme de maté ?

On pourrait croire que c'est à l'épuisement ; il n'en est rien. Le résultat ne dépend en aucune façon de la manière dont on a extrait l'alcaloïde, mais seulement de l'endroit où a été récoltée la plante. Suivant son lieu d'origine, elle contient plus ou moins d'alcaloïde ; mais les différences tiennent surtout à l'épuisement que lui ont fait subir les indigènes avant la torréfaction. Quelques habitants, en effet, connaissant le prix de cet alcaloïde, épuisent les feuilles fraîches avec de l'eau, puis les soumettent à la torréfaction, et le maté est prêt à être livré à l'industrie. Il n'a rien perdu de son goût puisque l'épuisement a été fait avant la torréfaction et ce n'est qu'à ce cas qu'on doit la différence considérable d'alcaloïde contenu dans les matés de provenances diverses.

C'est donc à une fraude, à une falsification et non aux méthodes employées que l'on doit la variation de ce pourcentage d'alcaloïde, car toutes les méthodes sont bonnes, surtout si l'on suit la marche indiquée plus haut pour extraire de ces liquides d'épuisement la matéine qui s'y trouve en solution.

Analyses de maté, thé et café.

Distinction de l'alcaloïde :
1° Par ses réactions ;
2° Par son action.

Les analyses récentes de maté ont donné lieu à d
nombreuses discussions, soit au sujet de sa teneur e
huile essentielle, soit en tannin, soit des matière
extractives et surtout au sujet de la teneur en alcaloïde
En 1897, le Dr Peckolt a donné un tableau compa
ratif des différentes analyses et que nous reproduison
ici :

COMPOSANTS	THÉ VERT	THÉ NOIR	CAFÉ	MATÉ.
Huile essentielle	7 90	6	0.41	0.01
Chlorophylle.............	22.20	18.14	13.66	62.00
Résine...................	22.20	36.40	13.66	20.69
Tannin........	178.00	128.80	16.39	12.28
Alcaloïde...............				
Matéine........				
Théine.	4.50	4 30	2.66	2.50
Caféine......				
Matières extractives.......	464 00	390.00	270.67	238.83
Cellulose et fibres........	175.80	283.20	178.83	180.00
Cendres	85.60	25.61	25.61	38.11

D'après ce tableau, on peut conclure que le maté contient moins d'huile essentielle que le thé vert, le thé noir et le café et que c'est pour cela qu'il est moins excitant. Il contient plus de substances résineuses que le café, moins que le thé vert et beaucoup moins encore que le thé noir ; il est donc plus diurétique que le café et il rivalise comme stimulant avec le thé vert.

La proportion d'alcaloïde varie dans de très fortes proportions, suivant l'espèce du maté et son lieu d'origine ; car suivant les marques et le pays de production, on trouve de 0,500 à 16 gr. 750 par kilogramme (1).

Nous verrons, à la suite de ce travail, la nature de l'alcaloïde.

Voici maintenant une analyse de maté prise au hasard parmi celles que nous avons faites :

Le maté qui nous a servi dans nos expériences est de l'ilex *paraguayensis, marque « David »*.

D'après l'analyse qui suit, les résultats sont à peu près les mêmes que ceux qui ont été donnés dans le

---

(1) Nous avons sous les yeux une analyse de maté de M. D. Parodi, qui donne les résultats bien vagues. La voici :

Acide cafétannique......................	50 °/₀
Matéine..............................	
Résine...............................	7 °/₀
Graisses	
Essences..	

Il est évident que dans cette analyse on ne peut juger de rien étant donné que tous les principes, matières grasses, résine, sont prises en bloc. Dans ce cas on ne peut savoir la teneur exacte de l'alcaloïde dans le maté analysé.

tableau, mais il faut songer que le tableau n'est pas
autre chose qu'une moyenne de plusieurs analyses,
tandis que l'analyse ci-dessous a été prise telle quelle
parmi un certain nombre d'analyses faites sur divers
échantillons (Ildefonso, Livre, A. R. Santos, El
Toro..., etc.).

ANALYSE DE MATÉ (1)			
Humidité	9.1710	Soude	0.4520
Cendres	3.5400	Manganèse	0.1210
Azote total	1.0340	Silice, acide silicique	1.0020
Matières azotées	6.4625	Acide sulfurique	0.4100
Tannin	6.6800	— phosphorique	0.4900
Matéine	1.8200	— chlorhydrique	0.5265
Résine	1.5000	Chaux	1.0960
Cellulose et fibres	10.0750	Magnésie	0.3960
Matières amylacées	115.5000	Fer ($F^2 O^3$)	0.0896
Gomme	2.4900	Alumine ($Al^2 O^3$)	0.4174
Dextrine	1.5000	Cendres solubles H^2O.	1.6880
Cire et chlorophille	2.2000	— insolub. H^2O.	3.8520
Huile essentielle	0.0100	— solubles HCl.	

Nous avons constaté dans certains matés la présence
de créosote. Cette substance ne doit pas être attribuée
à la plante mais bien à la torréfaction, car suivant le
degré d'humidité du bois employé pour le fumage, on
trouve plus ou moins de créosote.

Passons maintenant à l'*alcaloïde* du maté.

Jusqu'à ce jour, tous les auteurs, tels que MM. Dou-

(1) Analyse n° 2723, juillet 1897.

blet, Macquaire, Caminhoa, Peckolt, etc..., tout en disant que l'alcaloïde du maté était de la caféine, n'en étaient pas certains, étant donné les différents modes d'action de cet alcaloïde.

Les uns se sont basés sur ce que l'alcaloïde du maté avait le même point de fusion que la caféine. D'autres, sur différentes réactions colorées, mais sans faire attention que plusieurs de ces réactions appartenaient, non seulement à la caféine, mais aussi à d'autres alcaloïdes d'un autre groupe et d'une action absolument différente.

De plus, peu ou pas d'auteurs se sont préoccupés de l'examen microscopique qui donne cependant un résultat très net et très caractéristique.

Enfin, les produits qui ont été employés, vendus comme chimiquement purs, n'ayant pas été purifiés à nouveau à l'arrivée au laboratoire, ne pouvaient donner que des résultats erronés.

Lorsque nous avons entrepris les dosages d'alcaloïde du maté, tous les produits achetés ont été purifiés à nouveau ; toute la verrerie stérilisée et flambée de façon à avoir des résultats exacts et non pas entachés d'erreur à cause d'une impureté qui pouvait se trouver dans les appareils. Aussi, pouvons-nous garantir les résultats et les dosages que nous avons faits comme parfaitement justes et dignes de foi.

Caféine.	Matéine.
L'acide sulfurique dissout les cristaux aiguilles en donnant un liquide incolore. Evaporé avec de l'eau de chlore il laisse un résidu qui donne avec l'ammoniaque, la réaction de la murexide.	L'acide sulfurique dissout les cristaux en donnant un liquide incolore. Évaporé avec de l'eau de chlore, il ne laisse presque pas de résidu et ne donne aucune réaction avec l'ammoniaque.
L'acide azotique donne à la caféine une teinte brun rouge.	L'acide acétique donne à la matéine une teinte jaune pâle.
L'eau bromée laisse un résidu orange qui se dissout dans l'ammoniaque avec une teinte violette.	L'eau bromée laisse un résidu jaune rouge qui se dissout dans l'ammoniaque avec une teinte vert violacé.
Chauffée avec un acide organique capable de fournir de l'hydrogène, la caféine dégage de la méthylamine.	Cette réaction ne se produit pas avec la matéine.
L'acide azotique tenu en ébullition avec la caféine donne une couleur jaune qui prend une teinte pourpre par l'addition d'une goutte d'ammoniaque.	L'acide azotique tenu en ébullition avec la matéine donne un liquide jaune rouge qui prend une teinte violette avec l'ammoniaque. Cette réaction est très nette.
La chaux sodée, chauffée avec la caféine, dégage de l'ammoniaque.	En présence de la matéine la chaux sodée ne dégage pas d'ammoniaque.

Caféine.	Matéine.
L'azotate d'argent précipite les solutions neutres de caféine. Le précipité est blanc et cristallisé en mamelons.	Avec la matéine, le précipité est blanc grisâtre cailleboté et n'est pas cristallisé.
Le bichlorure de mercure donne naissance à un précipité caractéristique. Avec les cristaux desséchés de cette opération, on peut déterminer la réaction de la murexide.	Pas de précipité avec le sublimé corrosif.
Le chlorure de palladium précipite la caféine en écailles jaunâtres.	Le chlorure de palladium précipite les solutions de matéine en jaune foncé qui dégagent de l'ammoniaque lorsqu'elles sont chauffées en présence d'un sel de calcium.
Le cyanure de mercure précipite en blanc les solutions alcooliques de caféine.	Le cyanure de mercure précipite les solutions en jaune pâle, de même que le sulfate mercurique.
	Une réaction qui ne se produit pas avec la caféine est la suivante : Chauffée quelques instants avec de l'acide acétique et du bioxyde de plomb, on a par filtration un liquide incolore qui devient bleu d'outremer par l'addition de magnésie et vert par l'ammoniaque.

De plus, pour bien montrer que la matéine n'est pas de la caféine, j'ai établi la table de solubilité suivante :

DISSOLVANTS	CAFÉINE.	MATÉINE.
1° à froid :		
Eau...	1.35	3.25
Chloroforme....................	12.97	19.80
Ether sulfurique..................	0 0437	1.
Sulfure de carbone...............	0.0585	0.587
Tétra chlorure de carbone........	13.225	insoluble.
Alcool absolu.................... .	0.61	0.11
Alcool à 85°....................	2.30	0.927
Ether de pétrole..................	0.025	0.10
Salicylate de soude..............	0.95	0.04
Benzoate de soude................	0.45	0.01
2° à chaud :		
Eau.......................	45.55	92.45
Chloroforme....................	19.02	27.29
Ether sulfurique.................	0.36	1.50
Sulfure de carbone............ ...	0.454	1.227
Tétra chlorure de carbone........	19.474	insoluble.
Alcool absolu......	3.12	2.05
Alcool à 85°..................	insoluble.	1.80
Ether de pétrole..................	insoluble.	0.712
Salicylate de soude..............	5.45	0.82
Benzoate de soude................	1.50	0.47

Avec la matéine extraite par un des procédés indiqués plus haut, nous avons établi les points de fusion et par l'analyse scientifique élémentaire la formule de cet alcaloïde.

Voici les résultats que nous avons obtenus :

La caféine a, comme point de fusion + 228° à 229° C
La matéine   —   —   + 234° à 235° C

De plus, la caféine se volatilise à + 178° à 179° C avant de fondre, cas qui ne s'est pas présenté avec la matéine puisqu'elle s'est volatilisée à + 250 — 251° C.

L'examen microscopique donne les résultats suivants :

1° La *matéine* cristallise en aiguilles petites et légèrement prismoïdales ;

2° La *caféine*, au contraire, cristallise en aiguilles parfaitement régulières et groupées le plus souvent sur un socle de cristaux de caféine infiniment petits.

La matéine présente ceci de particulier que :

1° Les cristaux sont tous détachés les uns des autres et ne sont jamais réunis comme ceux de la caféine ;
2° Ils sont tous dirigés dans le même sens.

Passons maintenant à *l'analyse élémentaire.*

La caféine a, comme formule établie d'après l'analyse, $C^8\ H^{10}\ Az^4\ O^2$.

Tandis que la matéine a donné :

Carbone	95 76
Hydrogène	11
Azote	42.06
Oxygène	64

Ce qui correspond à la formule $C^8\ H^{11}\ Az^3\ O^4$.

Cette analyse, faite à plusieurs reprises, nous a toujours donné le même résultat.

Ainsi que nous l'avons déjà dit, suivant les *marques* de maté, on trouve plus ou moins d'alcaloïde. Cela tient aux falsifications et à la manière dont il a été séché et flambé.

Nous avons remarqué que, dans le maté, la matéine est en rapport inverse avec la quantité de tannin : moins il y a de tannin, plus il y a de matéine.

Divers échantillons que nous avons observés renferment en moyenne de 2 gr. à 2 gr. 75 de matéine 0/0.

Il y a toujours dans le maté, outre la matéine, une quantité assez faible de caféine. On utilise alors le mode d'extraction suivant, qui permet de séparer les deux alcaloïdes du maté sans altérer ni l'un ni l'autre.

On se base sur ce que la matéine est presque insoluble dans le benzoate ou le salicylate de soude.

Le procédé employé est le suivant :

A une certaine quantité de maté réduit en poudre, on incorpore de la chaux éteinte, puis on traite le tout par le salicylate ou le benzoate de soude, en solution saturée et filtrée.

Mais ce procédé a l'inconvénient d'être long et de ne pas dissoudre toute la quantité de caféine contenue dans les feuilles de maté. Un autre procédé, peut-être aussi long, mais sûrement plus exact, consiste à épuiser le maté par de l'eau jusqu'à ce que le liquide passe clair et limpide dans l'appareil. Le résidu de l'épuisement est mis à sécher dans l'étuve à + 95° C., puis est traité ensuite de la même façon, mais en employant de l'alcool au lieu d'eau. Après épuisement par l'alcool,

le maté est remis à l'étuve et on le traite ensuite par
de l'éther sulfurique anhydre.

Après ces traitements, le maté n'a plus aucune
odeur; il est transformé en une matière inerte et ne
contient plus aucun principe actif. Les liquides provenant de l'épuisement sont additionnés de chaux éteinte
de façon à faire une pâte semi-fluide qui est traitée
par le salicylate; on obtient de cette manière la tota-
lité de la caféine.

Après un lavage à l'eau bouillante de la pâte, on
extrait l'alcaloïde au moyen des dissolvants appropriés
et on a ainsi, après cristallisation, la matéine et la
caféine bien séparées l'une de l'autre.

Nous avons entre les mains des matés de marques
bien choisies qui renfermaient de 5 à 7 °/₀ de
matéine.

Analyse des cendres du maté.

1° Analyse des cendres de maté pulvérisé et en feuilles ;

2° Analyse des cendres de maté préparé :

   a) — Par ébullition ;
   b) — Par infusion.

Les premières analyses des cendres de maté ont été faites au laboratoire de la Bourse de Commerce, à Paris, sous la direction de M. L. Padé, chimiste-expert. Elles se sont portées principalement sur les matières contenues à l'état de sels de chaux ou de magnésie, sous forme de sulfates, chlorures, etc.

Les essais ont été faits sur la poudre et sur les feuilles et, comme on le verra dans le tableau ci-contre, les résultats ne sont pas tout à fait les mêmes.

	Poudre.	Feuilles.
Acide silicique	1.57	1.83
Oxyde de fer	1.12	1.09
Chaux	0.84	0.83
Magnésie	0.58	0.52
Acide sulfurique	0.10	0.10
Acide phosphorique	0.9	0.12

D'autres analyses personnelles de cendres de maté du Brésil (Parana) ont permis de déterminer en plus de ce qui vient d'être indiqué :

Acide carbonique   460-720
Bicarbonate de soude. 4.80
    —   potasse. 0.42
    —   magnésie. 0.38
    —   chaux. 0.28
    —   fer. . . . .   0 26 à 0.28
Sulfate de soude.   0.29
Chlorure de calcium 0.50
Arséniate de soude. 0.0025
Lithine. 0.0169
Traces impondérables de créosote.

Une autre analyse de cendres, prise au hasard parmi toutes celles que nous avons faites, a donné :

Acide carbonique total (libre et combiné).   4.68
Bicarbonate de soude. 4.51
    —   potasse. 0.40
    —   magnésie. 0.36
    —   chaux. 0.28
    —   fer. 0.0275
Sulfate de soude. 0.310
Chlorure de calcium. 0.48
Arséniate de soude. 0.0020
Lithine. 0.017
Créosote de hêtre. 0.00143
Acide silicique. 1.57

Ces cendres se dissolvent dans les proportions suivantes :

	En poudre.	En feuilles.
1° Dans l'eau.	34.74	36.05
2° Dans l'acide chlorhydrique . . .	70.69	71.24

Les conclusions que l'on peut tirer de l'analyse des cendres, c'est qu'elles se rapprochent beaucoup de l'analyse centésimale de l'eau de Vichy. Ce qui permet de démontrer pourquoi le maté peut être employé comme digestif, sans fatiguer l'estomac, et par la présence de la créosote, on peut l'employer dans les affections de la gorge et de l'appareil respiratoire pour lesquelles la créosote à faible dose est recommandée.

Recherche et dosage de tannins dans le maté. — Aperçu historique des dosages des tannins.

Comme toutes les plantes à peu près semblables, le maté renferme du tannin.

D'après les tableaux que nous avons indiqués plus haut, on voit que dans le thé vert il y a 178,00 de tannin, dans le thé noir 128,80, dans le café 16,39, et dans le maté 12,28 (d'autres analyses accusent 66,80, d'autres 10 à 52 % de tannin pour le maté). La faute en est aux méthodes que l'on emploie, car s'il en est beaucoup d'indiquées il y en a peu de bonnes.

Voici la manière dont nous opérons dans cette recherche : Le maté est mis à bouillir ou à épuiser avec de l'eau jusqu'à ce que le liquide d'épuisement coule clair, ce qui indique que le maté n'abandonne plus rien à l'eau : on recherche et on dose le tannin par une des méthodes suivantes :

Nous examinerons successivement (1) :

1° Les procédés de dosage basés sur l'emploi de la gélatine et de la peau ;

2° Les procédés dans lesquels le tannin est dosé à l'état de tannate métallique ;

3° Les méthodes qui peuvent être classées dans l'un des deux groupes précédents.

(1) MANCEAU. Thèse de doctorat, 1896.

1° PROCÉDÉS BASÉS SUR L'EMPLOI DE LA GÉLATINE ET DE LA PEAU

Aussitôt après le travail de Séguin, la gélatine et la peau furent proposées pour le dosage du tannin. Voici du reste quelques méthodes qui, sans être ni bonnes ni mauvaises, ne sont pas justes cependant.

En 1749, Biggins précipite le tannin dans une solution quelconque par un poids connu de gélatine ; il sèche et pèse le tannate obtenu.

En 1803, Davy, en employant la même méthode, estime que 100 parties de produit précipité contiennent 40 parties de tannin et, suivant la gélatine, on peut avoir de 30 à 75 °/₀ de tannin.

En 1853, Felhing et Warington préconisent l'emploi de la solution tirée de gélatine. Cette méthode assez simple est encore employée aujourd'hui.

D'autres auteurs recommandent d'ajouter à la solution différents sels. Tel Muller, en 1845, qui ajoute de l'alun ; Schultz, en 1866, ajoute du chlorhydrate d'ammoniaque ; Lowenthal, en 1867, ajoute du chlorure de sodium et l'acide chlorhydrique.

Un autre procédé dû à Lowenthal et tout aussi peu exact, consiste à prendre le titre de la solution tannique avec le permanganate de potasse, puis à tirer ensuite après précipitation par la gélatine. A côté de cette méthode, on peut placer celle préconisée en 1895 pour le titrage du tannin dans le vin et qui consiste à prendre le titre acide du vin avant et après précipitation.

Collin et Benoit emploient une solution titrée de gélatine, et titrent en présence d'acétate de calcium

se servant du bleu de méthylène ou du bleu de
icholson pour indiquer la fin de la réaction.

En 1860, Hanner emploie la poudre de peau au lieu
. morceaux plus ou moins gros, ce qui facilite la
·écipitation. La méthode préconisée en 1870 par
untz et Ramspacher ne diffère de celle de Hanner
ie par des modifications de détail.

Simaud et Weiss préparent « un tissu osseux en
aitant les os à froid par une solution de soude caus-
que puis en laissant les os macérer pendant plusieurs
urs dans de l'acide chlorhydrique étendu : on sèche,
n précipite et on pèse ».

En 1887, Dieudonné utilisa la poudre de chair et
rend ensuite la densité avant et après le traitement.

Aimé Girard emploie la corde à boyaux, spéciale-
ient préparée pour doser le tannin dans les vins,
iais ce procédé a dû être abandonné en raison du temps
t des nombreuses pesées que nécessite ce travail.

2º DOSAGE A L'ÉTAT DE TANNATE MÉTALLIQUE

Le dosage du tannin à l'état de tannate de plomb a
té préconisé en 1866 par Pribain, qui précipite les
olutions par l'acétate de plomb, puis dessèche le pré-
ipité à + 100º C. et pèse avant et après calcination,
n présence d'acide azotique. La différence entre les
leux pesées donne le tannin.

Gentil, en 1860, a critiqué cette méthode.

Schmid précipite par l'acétate basique de plomb et
)èse le précipité.

En 1888, Jackson substitue le carbonate à l'acétate de plomb.

Fleck, en 1866, emploie l'acétate de cuivre puis dissout le précipité dans le carbonate d'ammonium et titre ensuite l'excès de cuivre par le cyanure de potassium.

Sackur dose le cuivre dans le précipité, séparé par filtration et pèse ensuite l'oxyde de cuivre obtenu.

Persoz précipite la solution de tannin par une solution de protochlorure d'étain, additionnée de chlorure d'ammonium, puis après 10 à 12 heures de repos dans une éprouvette graduée, mesure le volume du précipité.

Risler-Benial, en 1863, emploie le même procédé, mais il calcine le précipité avec du nitrate d'ammonium et dose ensuite l'étain à l'aide de liqueur titrée.

Gerlaud et Roller, en 1866, emploient une solution titrée d'émétique (2 gr. 611 0/0).

Carpène, 1876, Barbiéri, 1877, Harry Schinder, Silly, 1893, emploient une solution d'acétate de zinc. Le tannin est ensuite titré par du permanganate de potasse après dissolution du tannate dans l'acide sulfurique étendu.

Laborde emploie l'acétate de mercure (1894).

En 1895, Agostino Vigna emploie de l'alun de potasse et l'ammoniaque.

3° MÉTHODES DIVERSES

En 1858, Monnier titre directement la solution de tannin au moyen d'une solution titrée de permangaate de potasse. Les chiffres ainsi obtenus sont toujours trop forts.

Lowenthal, en 1860, opère de la même façon, mais emploie du carmin d'indigo pour voir la fin de la réaction d'une manière très nette.

En 1864, Commaille et Millon emploient une solution d'acide iodique.

Prud'homme, en 1874, emploie le chlorure de chaux et remplace le carmin d'indigo par le vert de méthyle. Mais tous ces procédés ont le même inconvénient que le permanganate, c'est-à-dire de donner un titre de tannin plus fort qu'il ne l'est en réalité.

En 1877, Lowenthal substitue la gélatine au charbon. Il est encore d'autres méthodes dans lesquelles le permanganate est remplacé par du chlorure de chaux. Dans tous les cas, le carmin d'indigo est employé pour indiquer la fin de la réaction.

Ferdinand Jean, en 1877, emploie une solution d'iode en présence de carbonate de soude.

Perret, en 1884, précipite le tannin par la poudre d'albumine en présence de sulfate d'albumine, puis il pèse le précipité.

Fleury, en 1892, emploie la poudre d'albumine seule, puis pèse le précipité.

Enfin, le procédé de Wagner préconisé en 1866 par son invention repose sur la propriété que possède le tannin de former avec les alcaloïdes et en particulier avec le sulfate de chinchonine des composés peu solubles qui sont sans action sur la fuchsine, solution qui est décolorée par le tannin libre. On ajoute à la

solution de tannin une solution de sulfate de chinchonine acidulé par l'acide sulfurique et coloré en rouge
par l'acétate de rosalinine jusqu'à ce que la coloration
rouge persiste.

Le meilleur procédé est celui d'Aimé Girard, basé
sur l'emploi du permanganate de potasse et des cordes
à violon.

La solution tannique à analyser ne doit pas contenir
plus de 1 décigramme de tannin par litre. Si sa
richesse présumée est supérieure à ce chiffre, il suffit
d'étendre à un volume convenable avec de l'eau distillée. On emplit avec cette solution deux flacons de
100 cent. cubes, bouchés à l'émeri, 5 décigrammes de
corde à violon sont ajoutés à l'un d'eux. Ces deux
flacons sont laissés bien bouchés dans un endroit frais
pendant 6 à 7 jours, après lesquels on procède au
dosage.

Dans ce but, on prend deux conserves en verre
blanc de 2 litres et on verse dedans 1,500 cent. cubes
d'eau et 10 cent. cubes d'une solution sulfurique d'indigotine ; on verse ensuite : 1° dans l'un des vases
25 cent. cubes de liquide non traité et dans le deuxième
25 cent. cubes de liquide traité par la corde à violon ;
2° on verse dans chaque vase de la solution titrée de
permanganate de potasse jusqu'à ce que le liquide,
d'abord bleu, devienne incolore ou légèrement jaune,
et en ayant soin d'agiter constamment avec une
spatule. Les liquides des deux vases doivent avoir
rigoureusement la même teinte, ce qui s'apprécie
facilement si on place ces deux vases sur une feuille

le papier blanc ou sur une plaque de porcelaine blanche.

Soit N le nombre de centimètres cubes de permanganate de potasse versés dans le premier vase, et N' le volume versé dans le second flacon. Le liquide à essayer contiendra N-N' centigrammes de tannin par litre. Ce dosage très pratique se répand de plus en plus et donne des résultats à 2 milligrammes près ; mais l'exactitude et la précision de l'opération reposent sur l'exécution rigoureuse de la méthode indiquée et sur l'emploi comme réactif des cordes à violon ayant subi une série de préparations qui les différencient complètement de celles que l'on peut se procurer dans le commerce.

Voici d'ailleurs la marche à suivre pour préparer les différents réactifs usités pour cette méthode :

1° *Cordes à violon*. — On emploie les cordes à violon non huilées du commerce, que l'on blanchit dans l'eau oxygénée ; puis ces cordes sont trempées pendant une heure dans une solution étendue d'acide sulfurique contenant un peu de permanganate de potasse. Cette opération a pour but de les débarrasser de tous les produits solubles capables de réduire le permanganate de potasse. Ensuite, elles sont lavées à l'eau froide contenant de l'acide sulfurique, puis à l'eau pure et séchées par compression entre deux plaques de porcelaine poreuse, et enfin elles sont mises à sécher pour être conservées soit à l'air, ou mieux encore dans le vide.

2° *Solution de permanganate de potasse.* — La solution de permanganate de potasse doit être rigoureusement titrée à 270 milligrammes par litre.

3° *Solution sulfurique d'indigotine.* — On dissout un gramme d'indigotine sublimée dans 50 centigrammes d'acide sulfurique pur, puis après quelques jours, ce volume est étendu à un litre avec de l'eau distillée. Cette solution doit virer du bleu au jaune clair sous l'action du permanganate de potasse. Si, au moment du virage, on voit une teinte rouge, cela indique une insuffisance d'acide.

4° *Solution de tannin.* — La solution de tannin doit contenir un gramme de tannin pur par litre d'eau distillée. Comme cette solution ne se conserve pas, on doit la faire seulement au dernier moment.

C'est par ce procédé que nous dosons le tannin dans le maté, le thé ou les vins.

Nous avons trouvé des variations dans la teneur en tannin, variations que l'on peut expliquer soit par la falsification première des feuilles, soit par la nature du maté, puisque des analyses faites sur des marques différentes, et toutes avec le même procédé, indiquent des teneurs en tannin variant de 12,28 pour 1,000 à 66,80 pour la même quantité.

TROISIÈME PARTIE

___

Physiologie.

___

En consacrant un court chapitre à la physiólogie,
nous n'avons pas l'intention de reprendre ni de redire
à nouveau ce qui a déjà été étudié par d'autres expérimentateurs.

Cependant nous ne pouvons laisser passer ce point
des plus importants et nous résumerons dans ses
grandes lignes l'action du maté sur l'économie en
prenant pour base les travaux de nos devanciers que
nous complèterons de nos travaux et observations
personnelles, c'est-à-dire que nous passerons en revue
l'action de la herba maté sur l'appareil circulatoire,
les centres nerveux, l'appareil musculaire, l'appareil
digestif, sur la nutrition et ses propriétés hygiéniques.

Mais avant d'entrer dans ces détails scientifiques,
qu'il nous soit permis de transcrire un document
inédit que le général da Rocha Callado, qui fit la campagne du Paraguay, guerre que cette nation déclara
au Brésil en 1865 et qui dur1 jusqu'en 1870, écrivait
à MM. David Carneiro, et qui nous montre la valeur
alimentaire du maté.

Curitiba, le 18 septembre 1900·

MM. David Carneiro et Cie.

Très touché, je vous remercie infiniment de l'offre d'herva maté de votre marque. Ce grand produit de la principale richesse de l'Etat du Parana est aujourd'hui, sans contestation, le meilleur aliment des produits bon marché et économique et, comme tel, doit être compté dans les tableaux de distribution à l'armée dû à ses avantages sanctionnés par l'expérience de longues années. Maintenant que le Gouvernement organise des tableaux régionaux pour l'alimentation de nos soldats, j'ai sans doute l'opportunité de rappeler que le maté, en plus des avantages qu'il tient sur le thé et le café, non seulement par sa pureté, économie et divers, a celui de facile acquisition.

Dans la dernière phase de la campagne du Paraguay, aux campements de Capivary et de São Joaquin, en un espace de 22 jours, j'ai été témoin que notre armée a été presqu'exclusivement alimentée par le maté que nous cueillâmes dans les « hervaes » qui existaient sur les lieux, et rudimentairement ingéré, le manque de vivres en cette occasion ne permettant pas de longues attentes. Sa préparation consistait à l'improvise de branchages verts, établis sur un brasier où l'on couchait des branches de maté, et où on les conservait pour être lentement desséchées et légèrement grillées. Ensuite, portées à un pilon et pilonnées suivant le procédé appliqué à cet ustensile. A défaut d'un pilon, on prenait un képi de troupe paragayuen et antérieurement ajusté dans un trou en terre, et plusieurs fois, on finissait cette opération avec les propres mains. Je vous assure que même avec le procédé tant primitif en usage dans la confection de cet aliment et l'urgence réclamée par l'estomac, la saveur n'était pas inférieure à ses congénères les plus perfectionnés.

Ne pouvant être ingrat avec le maté qui nous a rendu de si grands et ineffaçables services à cette époque, je lui ai conservé toujours une particulière affection, et aujourd'hui je suis un de ses principaux adeptes, principalement après avoir lu l'important travail organisé par l'illustre commission qui écrivit une monographie pour la dernière exposition « Agricole Paranaense.

Voici mon humble opinion et ma sincère conviction.

Votre ami, etc.

FRANCISCO DA ROCHA CALLADO,

Général de division.

La teneur de cette lettre indique nettement la valeur alimentaire du maté et confirme pleinement les résultats que nous avons obtenus.

Reprenons maintenant l'étude de l'action du maté sur l'économie :

1° Action sur la circulation, la respiration et la calorification. — D'après Couty, les effets du maté sur l'appareil circulatoire se traduisent par une accélération notable des contractions du cœur, dont le nombre peut être doublé. C'est là un fait dont nous avons pu contrôler l'exactitude sur certains malades, à qui nous avons donné le maté sous forme d'infusion à raison de deux tasses à thé par jour.

Chez une malade dont le pouls était petit et déprimé, nous avons constaté, après quatre jours de traitement, un relèvement notable des contractions du cœur. Le maté supprimé, l'action continua à se faire sentir et, dix jours après, il n'y avait pas lieu d'y revenir.

Il est à noter également que le nerf pneumogastrique, le nerf modérateur du cœur, avait conservé toute son excitabilité.

Le Dr Doublet (1) a observé trois hommes du service du Dr Dujardin-Beaumetz, chez qui il a confirmé ces résultats. Il a constaté également, ainsi qu'en font foi les diagrammes obtenus sur la courbe du pouls, de la température et de la respiration, que cette dernière a été légèrement abaissée sous l'influence du médicament.

2° Action sur l'appareil musculaire. — Il est hors de doute que le maté a une action capitale sur le système musculaire. Depuis que cette plante est connue, le fait n'a été nié par personne, d'autant plus que c'est là le premier phénomène observé qui ait frappé les expérimentateurs de la première heure.

Le maté défatigue et stimule la contraction musculaire. L'habitant de la pampa, gaucho aussi bien qu'étranger, qui a à sa disposition en abondance de la viande de bœuf, l'alimentation par excellence, qui en use largement, n'y recourt pas, cela est remarquable, au moment où il semblerait qu'elle lui soit le plus nécessaire, au moment de la ferrade, par exemple, et des fatigues dont elle est l'occasion, quand il s'agit de marquer mille ou deux mille veaux, ou de contremarquer autant de taureaux et de bœufs.

Le gaucho passe tout le jour à l'œuvre dès l'aurore, sous le soleil, jusqu'au soir, sans se soutenir autrement qu'en prenant, aussi souvent qu'il le peut, des infusions de yerba. « C'est elle qui entretient sa gaîté, son activité, et l'empêche de se lasser. »

(1) DOUBLET. Thèse de Paris, 1885.

Pour nous personnellement, nous avons pu constater qu'après avoir pris une infusion de maté, nous faisions presque sans nous en apercevoir, de longues courses sans éprouver au retour la moindre lassitude. Ce fait a été également constaté par d'autres personnes à qui nous avions préconisé le maté.

3° **Action sur le tube digestif.** — D'après nos observations personnelles, le maté est un excitant de l'appétit, même à petites doses, aussi bien chez les personnes saines et bien portantes que chez les malades. Il est à noter que chez ces derniers les phénomènes sont bien plus sensibles. Jusqu'à présent, nous n'avons pas constaté les troubles de l'estomac que quelques auteurs avaient signalés. Au contraire, les contractions de l'estomac, les mouvements péristaltiques de l'intestin sont activés et, par suite, les digestions plus faciles. Jamais nous n'avons constaté de constipation à la suite d'ingestion de maté.

Le maté a donné de bons résultats au Dr Monin (1), dans le traitement du diabète. Dans une communication au Congrès de Rome, il a expliqué ces résultats par la richesse de l'ilex paraguayensis en tannin et en choline combinés et par la quantité notable de sels de potasse et de magnésie solubles. Cependant le Dr Dedet (2), de Martigny (Vosges), accuse le maté en infusion d'être un prédisposant à la gravelle et émet l'avis que cette plante doit être prohibée aux rénaux.

(1) MONIN. *Hygiène de l'estomac.* O. Doin, édit., Paris.
(2) *La Médecine internationale illustrée.* Revue de la Presse, juillet 1901.

Nous ne croyons pas qu'il faille prendre à la lettre cette défense. Il est possible que l'abus amène des troubles vésicaux, mais le maté pris raisonnablement comme le thé, le café, soit à doses fixées, sous forme d'extrait, pilules ou en gouttes rigoureusement dosées, ne peut avoir que des avantages et nullement des inconvénients. « Usez, mais n'abusez pas », tout est là.

4e **Action sur la nutrition.** — Le maté doit être rangé parmi les aliments d'épargne, c'est-à-dire pareils à ceux qui, comme le café, le thé, l'alcool, etc... modifient à des degrés divers, et souvent d'une manière différente, les fonctions du système nerveux. Ces substances possèdent une action commune qui a été déduite d'un grand nombre d'observations concordantes.

Elles diminuent les mouvements des décompositions organiques ; sous leur influence l'homme, toutes choses égales d'ailleurs, produit moins d'acide carbonique et d'urée.

Marvaud, le premier, a rangé le maté parmi les aliments d'épargne. Dans une communication remarquable à l'Académie des sciences, faite en collaboration avec le D^r d'Arsonval, le Dr Couty prouva, par une série d'expériences, que le maté ralentit la nutrition puisque d'une part, l'acide carbonique est formé en moins grande abondance qu'à l'état normal dans un temps donné et que, d'autre part, le sang contenant moins d'oxydant est moins propre à effectuer les oxydations au sein des tissus. « Le maté a sur les éléments gazeux des échanges sanguins une action considérable ; cet aliment modifie le sang artériel comme le sang veineux ; il diminue leur acide carbonique et leur oxygène dans des proportions énormes correspondant quelquefois au tiers, à la moitié des quantités normales. »

Le Dr Doublet qui a consacré sa thèse à l'étude du maté, avait institué, au point de vue du maté sur la nutrition, une série d'expériences sur lui-même, sur les malades et sur les animaux. Nous avons repris ces expériences et nous pouvons en affirmer la rigoureuse exactitude dans leurs lignes principales, quelques points de détails nous séparant ; mais ils sont sans importance au point de vue général qui nous occupe.

Le premier groupe des expériences faites sur les malades lui semble prouver de la façon la plus nette que « le maté, quand on vit de la vie ordinaire, avec la même alimentation et la même dépense de forces, agit comme un aliment d'épargne et retarde la dénutrition. »

De plus, les effets du maté s'accumulent. Il suffit de jeter les yeux sur les tableaux relatant les résultats de ses nombreuses analyses qui montrent d'un coup d'œil les variations du chiffre de l'urée sous l'influence du maté, pour voir qu'après la cessation de son usage, le chiffre de l'urée ne remonte que graduellement ; il met trois à cinq jours pour atteindre le taux primitif, quand il l'atteint.

Les expériences sur les animaux prouvent, d'après le même auteur, que l'organisme ne souffre réellement

pas quand on substitue pour quelque temps, le mat
aux autres aliments et que, non seulement il diminu
la destruction des tissus (autophagie), mais encore i
évite cette dépression physique et morale qui, pendan
le jeûne, retentit sur l'organisme tout entier, proba
blement par l'intermédiaire du système nerveux. Nou
avons essayé les mêmes expériences sur les cobaye
et les lapins soit par la nourriture, ou, pour avoir de
résultats plus rapides, par injection d'extrait de maté
Les résultats obtenus ont été les mêmes que ceu
observés par le Dr Doublet.

Nous résumons donc en quelques mots tout ce qu
nous venons de passer rapidement en revue au poin
de vue physiologique et nous nous croyons en droi
de dire, d'après les auteurs et nos observations person
nelles que :

Le maté est un stimulant général de toutes les fonc
tions et en particulier de l'intelligence et de la motilité
Il est acquis désormais que c'est un aliment à doubl
titre : 1° il ralentit la désassimilation ; 2° il contien
des gommes, des résines et des matières albuminoïde
capables d'être assimilées. Enfin, son alcaloïde, l
matéine, que nous avons isolée, ainsi qu'on a pu l
voir au chapitre « Le maté, son alcaloïde », tout e
ayant les différentes propriétés de la caféine, n'en
pas les inconvénients.

Le Dr Gubler a cherché à expliquer le pouvoir d
maté en disant qu'il peut intégrer directement de l
force dans le système nerveux comme le fait un cou
rant électrique dans le système musculaire.

Pour d'autres, le maté est un aliment antidéperditeur et dynamogène parce qu'il permet de mieux utiliser les aliments plastiques absorbés en petite quantité.

Pour nous, nous nous rattachons aux deux opinions émises ci-dessus, car les effets indiqués par les uns et les autres coïncident exactement aux expériences que nous avons faites sur les malades et sur nous-même.

QUATRIÈME PARTIE

Propriétés hygiéniques.

Dans une excellente monographie, M. Macquaire a consigné, d'après le Dr Doublet, les propriétés hygiéniques du maté. Nous ne pouvons mieux faire que de reproduire ces conclusions qui concordent de tous points avec nos observations personnelles :

1° Le maté excite le système nerveux, commande et règle l'effort qui préside à toute activité intellectuelle ou musculaire ;

2° Associé à une alimentation suffisante, il rétablit l'équilibre en empêchant l'organisme de se dénourrir ;

3° Il permet, pendant un jeûne prolongé, un travail musculaire égal à celui qu'on ferait en mangeant ; il maintient l'énergie morale susceptible de faire supporter la fatigue.

Pour les deux premiers résultats il répond à deux indications les plus formelles de notre société moderne : 1° à cette activité incroyable, à cette sorte de concurrence vitale effrénée qui se manifeste aujourd'hui plus qu'à toute autre époque, dans toutes les classes de la société ; 2° à l'insuffisance d'alimentation chez un grand nombre de personnes, insuffisance qui peut être suppléée pendant un temps limité et dans une certaine mesure, par les aliments d'épargne.

Pour la troisième, il répond à une indication qui, pour être plus rare, n'en a pas moins son importance : l'alimentation du soldat en campagne.

On sait quelle lutte vigoureuse et acharnée se mène de toutes parts à l'heure actuelle contre l'abus de l'alcool, cet excitant passé malheureusement dans les mœurs d'aujourd'hui et qui constitue pour beaucoup de gens un stimulant presque indispensable. Eh bien, tous ceux qui se sont occupés du maté ont vu en lui le remplaçant de cet alcool si pernicieux et en ont considéré l'usage comme un des meilleurs moyens pour enrayer les progrès de l'alcoolisme.

« Vraiment je ne puis croire, s'écrie le Dr Doublet, avec les qualités que présente le maté et en présence de ce besoin croissant de stimulant que l'on constate tous les jours, que le maté ne finisse pas par trouver place dans la consommation. Nous avons vu qu'il était préférable au café comme aliment d'épargne et il a de plus sur ce dernier l'avantage de ne pas causer d'insomnie ; il vaut l'alcool comme excitant musculaire. En effet, que cherche l'ouvrier quand il avale, le matin avant de commencer sa journée, un petit verre d'alcool ? Il veut chasser cette lassitude perpétuelle qui lui vient de la fatigue accumulée depuis de longs jours et qui résiste même au sommeil. Il veut « se mettre en train ». Or, tous les auteurs sont unanimes à reconnaître la rapidité avec laquelle l'ingestion d'une tasse de maté réveille l'activité musculaire, si bien que les effets réconfortants qui suivent l'emploi de cette substance se manifestent beaucoup plus rapidement qu'à la suite du repos naturel ou du sommeil. Si le maté vaut l'alcool comme excitant musculaire, il vaut mieux comme excitant intellectuel, non seulement parce qu'il agit sur le cerveau plus que les boissons alcooliques, mais encore et surtout parce que l'excitation intellectuelle qu'il détermine est plus douce, plus calme, plus en rapport avec les conditions normales de notre existence que celle qui est consécutive à l'ingestion des boissons spiritueuses.

Enfin, tandis qu'à l'excitation produite par les boissons spiritueuses succède une certaine prostration physique et morale dans laquelle l'organisme tombe et pendant laquelle il ne lui est plus possible de faire un emploi satisfaisant de ses forces affaiblies, le maté ne détermine point, consécutivement à son action, de torpeur ni d'affaiblissement des fonctions cérébrales. Enfin, son abus n'a pas les mêmes inconvénients.

En résumé :

1º Le maté stimule les fonctions. Il agit aussi bien sur l'intelligence, sur l'appareil locomoteur que sur les fonctions de la vie végétative (Puissance dynamique). Cette stimulation n'est pas suivie de fatigue ;

2º Prise à faible dose et avec une alimentation suffisante, d'ailleurs, il réduit de un quart la quantité d'urée excrétée et ralentit les oxydations au sein des tissus ;

3º Son action favorable sur la nutrition est donc due bien plus aux modifications qu'il apporte aux échanges nutritifs qu'aux matières alibiles qu'il renferme (Pouvoir antidéperditeur) ;

4° Pris à hautes doses, et en l'absence de toute alimentation, il est insuffisant à entretenir la vie, mais il la maintient plus longtemps que le jeûne et avec une perte de poids moitié moindre.

Il maintient l'énergie physique et morale et peut avoir une utilité temporaire considérable (Soldats en campagne) ;

5° Ces qualités font du maté une ressource précieuse pour le soldat, l'ouvrier, l'homme adonné aux travaux de l'esprit, aux sportmans, etc.

Thérapeutique.

Dans quels cas peut-on préconiser l'emploi du maté ?
En dehors des indications que nous avons signalées
d'une manière générale dans les pages précédentes et
s'adressant en quelque sorte à des gens normaux, il
était intéressant de savoir dans quelles circonstances
le maté pouvait recevoir une application thérapeutique,
dans le sens propre du mot.

C'est sur ce point surtout que nous appelons
l'attention.

D'après les observations personnelles que nous
avons recueillies au hasard de la clinique journalière
sous la direction du Dr Moreau de Tours, à la maison
de santé spécialement affectée aux maladies mentales
et nerveuses proprement dites, nous avons pu constater que le maté était tout spécialement indiqué dans
les différentes formes de dépression, d'anémie, de sur-
menage, de neurasthénie, en un mot, dans tous les cas
où il y a lieu de remonter les forces épuisées ou défail-
lantes chez des malades qui, pour des raisons nées de
leur état morbide, se refusaient à prendre la nourriture suffisante à soutenir leurs forces.

Le maté, véritablement considéré comme médicament en ce cas, a été administré à ce point de vue
spécial « reconstituant physique ». Le maté a alors été
donné, pendant un temps suffisamment long pour en

apprécier l'effet, à des doses rigoureusement calculées, soit sous forme d'extrait aqueux, de pilules, d'infusion. Sur douze personnes soumises à ce traitement, nous avons obtenu un résultat complètement satisfaisant sur huit d'entre elles ; deux ont été améliorées et chez les deux dernières, le résultat a été négatif (en apparence du moins).

Voici un court résumé de ces observations.

Mme S .. *Mélancolie anxieuse, crainte d'empoisonnement, alimentation insuffisante.* — On donne une pilule d'extrait à 0,10 centigr., matin et soir, pendant 10 jours. Dès le 3e jour, l'appétit se réveille, la malade est moins triste, moins fatiguée. Au bout de 8 jours, il n'y a plus de crainte d'empoisonnement. L'amélioration se maintient après la cessation des pilules.

Mme L ... *Mélancolie, tædium vitæ, alimentation très irrégulière, capricieuse.* — La malade prend deux gouttes d'extrait à 0,10 centigr. matin et soir. Au bout de peu de jours on constate qu'elle mange mieux ; elle est moins triste. Le traitement est continué pendant 12 jours, puis les gouttes diminuées progressivement. Après leur cessation complète, l'amélioration obtenue se maintient.

M. M ... *Hypocondrie, état général défectueux, anémie profonde.* — 1 goutte de 0,50 centigr., deux fois par jour. Le 2e jour de traitement. M... se plaint de crampes d'estomac et les attribue à ses gouttes. On persiste néanmoins. Le 4e jour plus de crampes. Mange un peu mieux, moins de dégoût des aliments. Le 12e jour, appétit revenu satisfaisant. Les gouttes sont continuées.

M. A ... *Fatigue intellectuelle, idées hypocondriaques:* — A la suite d'un travail excessif dû à la direction d'un établissement important, M. A.. est devenu irritable, se plaignant de tout, prenant les choses du mauvais côté, cherchant même tout ce qui pouvait lui être pénible. Nuits agitées, cauchemars, sommeil interrompu, appétit presque nul. Sur les conseils de sa famille, M. A... se décide à se faire traiter. Après 15 jours de calme absolu, l'état général est meilleur mais l'amélioration se fait lentement. On lui donne alors du maté granulé, deux cuillerées à café pour commencer. Deux jours après, M. A... se sent plus fort, plus réveillé, plus gai. Après 8 jours, l'appétit était revenu. Les idées tristes persistant, on porte à 3 cuillerées, puis à 4. Bientôt l'amélioration s'accentue physiquement et moralement. Six semaines après, M. A... rentrait chez lui et pouvait être considéré comme guéri. Dans ce cas, aucun autre traitement que le repos et le maté.

M^{mo} Th... *Délire chronique, hypocondrie.* — Cette malade prend plusieurs tasses de thé dans la journée. Etat nerveux très prononcé. Irritabilité. Le 9 août, on supprime le thé et on le remplace par une infusion de maté. Les deux premiers jours, se plaint qu'on ne lui donne que de l'eau chaude et réclame son thé. On persiste : le troisième jour consent à reconnaître que cette tisane lui fait du bien ; bientôt elle se sent plus d'appétit, plus de force, dort mieux, ne pense plus au thé.

Tout en tenant compte de l'état mental très diffus, très versatile de la malade changeant facilement d'idées, on constate cependant une amélioration réelle tant sous le point de vue de l'alimentation qu'au point de vue de l'augmentation des forces.

M. B... *Neurasthénie très accentuée.* — Ce malade n'a pas d'appétit, ne mange que parce qu'il a peur de mourir de faim, car il se figure que tout ce qu'il prend lui pèse sur l'estomac et lui fait mal. On le met à l'infusion de maté, 2 tasses par jour. Dès les premières tasses, il se sent plus faim et ne s'est aperçu d'aucune modification dans son état comme pouls, chaleur, insomnie. Huit jours après, digestion plus facile ; il commence à prendre quelques aliments solides sans en ressentir aucun inconvénient. Il faut que l'effet soit bien sensible pour que M. B... qui changeait journellement de médicaments, persiste dans ses infusions. Quant M. B... a quitté la maison, la santé physique était très améliorée et il continuait à manger en prenant une tasse d'infusion avant chaque repas.

M. E. B... *Neurasthénie*. — Ce malade se plaint sans cesse que les aliments ne passent pas. Après avoir essayé toute espèce de traitement, il consent à prendre du maté sous forme de pilules (2 pilules d'extrait à 0,10 centigr.). Au 4e jour il constate que la nourriture passe mieux, qu'il a moins de pesanteurs. Au bout d'une semaine, l'appétit est redevenu presque normal et il continue ses pilules à son grand profit.

Qu'on nous permette, en terminant, de consigner les résultats que nous avons constatés sur nous-même :

Nous croyons pouvoir affirmer que le principe actif du maté agit directement sur le système musculaire. Nous avons absorbé un soir une infusion de 85 grammes de feuilles de maté pour une tasse à thé, et cette infusion concentrée ne nous a nullement privé de sommeil. Couché à l'heure habituelle, la nuit a été calme. Il est probable que si nous avions pris la même dose de café, malgré l'habitude que nous avons, nous n'aurions pu dormir.

Nous n'insisterons pas plus longuement sur ces observations, qui se présentent toutes de la même manière. Augmentation de l'appétit, digestions plus faciles, augmentation des forces musculaires, légère excitation intellectuelle et du système nerveux, augmentation des mouvements cardiaques et de la respiration, telle est en résumé l'action du maté sur l'économie;

Divers modes de préparation (1).

Quelles sont les diverses formes sous lesquelles on peut employer le maté ?

La question est assez complexe. S'il ne s'agissait que de personnes saines de corps et d'esprit, n'ayant d'autre but, en prenant du maté, que de réveiller leur appétit, faciliter leur digestion, donner un coup de fouet à leurs facultés au moment d'un travail supplémentaire, il serait indifférent de prendre telle ou telle préparation. Mais il ne faut pas perdre de vue que nous avons aussi affaire, et plus spécialement, à de véritables malades. C'est alors que le médecin doit spécifier telle ou telle préparation.

Extrait aqueux. — Tout d'abord nous avons l'extrait aqueux qui, rigoureusement dosé, se donnera par gouttes matin et soir, dans un véhicule quelconque, ou en pilules à 0,10 — 0,20 — 0,50 centigrammes.

L'extrait de maté peut être préparé soit à l'aide des feuilles ou de la poudre, soit à l'aide des pédoncules.

Le mode de préparation le plus usité consiste à faire bouillir le maté pendant plusieurs heures, filtrer le liquide et recommencer ainsi l'épuisement jusqu'à

(1) La maison Dr. Graaf et Cⁱᵉ (de Berlin) prépare un extrait du maté appelé *Ier-maté* pour être utilisé comme boisson rafraîchissante

ce que le maté ne cède plus rien à l'eau qu'on emplo
pour l'épuisement. Lorsque cette opération est term
née, on mélange tous les liquides filtrés, qui peuve
être de 10 à 15 litres pour un kilogramme de matièr
et on évapore à consistance sirupeuse dans une ca
sule de porcelaine ou de métal, soit à feu nu, soit
bain de sable. Il faut obtenir, pour la réussite de l'op
ration, une évaporation rapide et ne mettre que de
à trois heures pour évaporer les 10 à 15 litres d'ea

Cela fait, on transvase la matière obtenue dans
pot de faïence et on laisse l'extrait se prendre
masse. C'est sur cet extrait que l'on opère pour
différents usages dont voici l'utilité :

Au point de vue chimique, l'analyse des cendres
l'extrait donne à peu près la même composition q
l'analyse des cendres de l'eau de Vichy. Seul le tann
diffère (Voir plus haut les analyses chimiques).

On rencontre encore de la créosote et de la choli
combinées au tannin, à une dose variant selon la qu
lité du maté et son lieu de production. La créoso
étant produite par le boucanage des feuilles, on ne d
pas s'étonner de la variation considérable qui exis
dans les analyses.

On peut également donner l'extrait, et nous avo
eu occasion d'observer les bons effets de cette prép
ration, facilement prise par les malades sous forme
pilules dont les doses peuvent varier. On peut alors
prescrire de 0 gr. 10 à 1 gr., suivant les indications
les effets à obtenir.

L'infusion est la manière la plus répandue

Amérique pour prendre le maté : c'est aussi à cette façon que nous nous rangeons et que nous préconisons particulièrement quand on peut la faire accepter des malades.

« Pour bien préparer le breuvage, dit Demersay, on met dans un vase destiné à ce seul usage du sucre et un charbon ardent. Les Hispano-Américains nomment ce vase « mate » et les Brésiliens « culha ». C'est en général le fruit d'une cucurbitacée. Il y en a de toutes les formes et plus ou moins richement ornés. Quelques-uns sont en argent massif et dorés. On se hâte d'en faire honneur aux visiteurs. Le chalumeau, bombilla, en portugais bomba, est en jonc ou en métal. On grille un peu de sucre et l'on ajoute une quantité variable de poudre. On verse de l'eau très chaude, mais non bouillante et l'on introduit dans le vase l'extrémité arrondie en forme de pomme d'arrosoir du chalumeau destiné à l'aspiration du liquide.

Les habitants de la campagne, les journaliers, les hommes en général, prennent le maté *cimarron*, c'est-à-dire sans sucre. Son action est plus énergique. Mais les femmes, les étrangers et dans les villes, beaucoup de créoles y ajoutent du café, du rhum, un peu d'écorce d'orange ou du citron, etc. D'autres enfin, remplacent l'eau par du lait (Les guaranis ajoutent aux feuilles de maté des feuilles de guaviroba, espèce de goyavier). Pour un voyageur, médiocrement habitué à l'amertume du précieux breuvage, ces additions sont loin d'être désagréables ou même inutiles.

On boit le maté à toute heure de la journée et on

estime à onze millions le nombre des individus qui en font usage.

La personne qui prépare le maté absorbe la première infusion, dans le but d'avaler la poudre fine et de s'assurer que l'aspiration est facile, puis elle reverse de l'eau ou du lait, chaque fois qu'une nouvelle personne se dispose à prendre la boisson chère aux Hispano-Américains, car, il faut le dire, la calebasse et le chalumeau font le tour de la société, chacun aspirant le liquide à la ronde sans jamais essuyer la bombilla. La quantité de maté introduite dans la calebasse suffit généralement pour huit ou dix infusions.

Dans certaines parties du Brésil, au lieu de poudre on fait usage de feuilles menues que l'on place dans le fond d'une théière ordinaire ; on verse la cassonnade, le charbon de bois ardent, l'eau ou le lait chaud, et on laisse infuser quelques minutes avant de servir dans les tasses.

Ces deux méthodes de préparer le maté ne pouvaient guère convenir aux Européens et ont nui fort longtemps à la vulgarisation du précieux produit Sud-Américain.

On a d'abord imaginé de remplacer la poudre par des feuilles grossièrement brisées. Mais ce mode de préparation ne donnait qu'une idée très imparfaite de la valeur du maté et l'on a été fort longtemps à trouver l'ustensile nécessaire pour préparer avec de la poudre un breuvage limpide et donnant, dès la première infusion, tout ce que contient le maté.

On emploie encore un appareil qui donne une préparation rapide et parfaite d'une infusion de maté en poudre. Cet appareil n'est, en deux mots, que le principe bien connu de la lessiveuse à tube central adapté à une cafetière en métal ou en porcelaine (1).

Un autre bon procédé de faire prendre le maté par les malades, est la forme granulée. Cette préparation a déjà été présentée par MM. Douglas et Cie, et M. Maquaire, pharmacien à Paris (2).

Il en est de même du maté présenté sous forme de comprimés, des mêmes auteurs. Signalons encore, comme bonne préparation, les ampoules de M. Bucaille, pharmacien à Ivry-la-Bataille, pour injections hypodermiques. Quant aux vins, liqueurs, élixirs, à base de maté, nous n'en parlerons que pour mémoire. Ces préparations sont trop connues pour qu'il soit nécessaire d'y insister, notre but étant surtout de présenter, dans ce chapitre, le maté comme un médicament sérieux, réellement actif et appelé à rendre les plus grands services dans la thérapeutique. Les expériences concluantes faites en ce sens par les professeurs Gubler, Dujardin-Beaumetz, les docteurs Doublet, Morin, Couty, O'Followell, Demersay, Moreau de Tours... et tant d'autres, nous sont un sûr garant de la valeur du maté en thérapeutique.

---

(1) C'est là ce qui nous a donné l'idée de nous servir de l'appareil connu sous le nom de lessiveuse pour la préparation en grand de l'extrait aqueux.

(2) Maté granulé de Douglas ; Matéine granulée de Macquaire.

APPENDICE

Modé de préparation.

L'ancien système de torréfaction des feuilles du maté par feu direct, qui l'imprégnait de fumée, a été remplacé dernièrement par le système de *barbacuá*, espèce de four dans lequel le maté reçoit la chaleur et se torréfie sans aucune fumée. Ce mode de préparation ainsi que la torréfaction par la vapeur font du maté un thé agréable au goût européen et qui doit être préféré des amateurs de cette boisson.

Cette qualité de maté s'appelle *maté barbacuá*.

Préparation de l'infusion.

On prépare le *maté* de la même façon que les thés noirs et verts, c'est-à-dire en infusion et on le boit aussi comme les thés, avec du sucre, pur ou mélangé au lait.

L'infusion peut être faite à discrétion, mais la dose ordinaire est de une cuillerée à soupe pour une tasse.

Avant de faire l'infusion, on doit faire verser sur le maté, déjà déposé dans la théière, de l'eau bien chaude qui le rincera légèrement ; après avoir jeté cette eau, on fera l'infusion avec une eau aussi chaude que possible. L'infusion doit être préparée dans la théière, 5 à 10 minutes avant d'être utilisée.

Exportation du Maté au Brésil.

L'exportation générale du maté du Brésil, pendant l'année 1905 a été la suivante :

État du Parana............	29,937,538 kilos; valeur officielle.	14,341,637 $ 000
État de Santa Catharina..	4.630,325 — —	2,146,994 000
État de Mato Grosso.....	4,332,556 — —	2,780,145 000
État du Rio Grande do Sul.	4,304,760 — —	1,037,270 000
	43,205,179 — —	20,306,046 $ 000

Le plus important centre de consommation du maté du Brésil est la République Argentine qui, à elle seule, reçoit trois parties de sa production.

L'exportation du maté du Brésil croit tous les ans, sa consommation est donc de plus en plus répandue. En 12 mois, de juillet 1906 à juillet 1907, un seul État du Brésil. le Parana, qui est le plus grand producteur du Brésil, a exporté, pour les républiques de l'Argentine, du Chili et de l'Uruguay la quantité de 35,937,986 kilos.

Noms des principaux fabricants et exportateurs du maté.

Voici les noms des principaux fabricants et exportateurs du maté du Brésil. Ces fabricants possèdent d'importantes usines à vapeur avec machines perfectionnées pour la préparation du maté.

Rio de Janeiro
Manoele Lisboá (Boîte postal 575)

Curityba (chef-lieu de l'État du Paraná, Brésil).
David Carneiro et Cie.
Macedo et Filho.
Gulmarâes et Cie.
Manoel de Macedo.
F.-F. Fontana.
B.-R. de Azevedo et Cie.
B. A. da Veiga.
Ve A.-E. de Leâo Junior et Cie.
Ve Correia et Cie.
A. Cunha et Cie.
Joâo Ribeiro de Macedo.
Guilherme Xavier de Miranda.
Miro et Cie.
Nicolau Mader.
H. Gomm.

Antonina (État du Paraná).
H. Lobo et Azevedo.

Morretes
Antonio Ribeiro de Macedo.

Rio-Negro
Oliveira et Bley.

Ponta Grossa
José B. Macedo Ribas.

Palmeira
A. Mirô.

Etat de Santa-Catharina.

Joinville
A. Baptista et Cie.
Brockmann, Célestino et Cie.
Companhia Industrial.

Sao Francisco do Sul
Sergio A. Nobrega.
Carl Hoepcke et Cie.

État du Rio Grande do Sul.

Porto Alegre
Schröder et Cie.

S. Cruz
Schöwald et Deutrich.
Joâo Pedro Kœzler.

Passo Fundo
Fernando Gaezler et Cie.
Marques Vega et Cie.
Emporio Industrial Rio Grandense.

Matto Grosso
Companhia Matte Larvangeira.

CONCLUSIONS

De ce travail, nous nous croyons en droit de conclure que :

1° Au point de vue *alimentaire*, le maté a sa place ;

2° Comme *aliment d'épargne*, il peut remplacer la coca, le kola, etc., dont les effets sont les mêmes, mais sans en avoir les inconvénients ;

3° Dans la *pratique médicale*, il rend de réels services, étant donnée son action tout à fait différente de la caféine dont il possède les avantages sans en avoir certains inconvénients.

BIBLIOGRAPHIE

Altérations et falsifications des matières alimentaires. 1900, p. 236 et suiv
  VILLIERS et COLLIN.
Analyses de Materia Brasileria. Rio de Janeiro.
Archiv der Pharmacie, 1893, p. 613. HOFFMANN, Berlin.
  —   —   1893, p. 175. KUNTZ, Krause.
Aliments d'épargne. O. FOLLOWEL, 1899, Paris.
Anatomischer Atlas. TSCHURCH und OESTERLE.
Bulletin des ingénieurs coloniaux. J. COUREAU, 1896.
Beiträge zur der Matepflanzen. VERLAG-GAHTNER, Paris.
Compte-rendu de l'Académie des sciences, p. 46, t. LVIII.
Communication au Congrès de Rome. MONIN.
Dictionnaire de matière médicale. MURAT et DE LENS.
Die naturalischen Faktoren der tropischen Agrikultur. WOLTMANN.
Die Wickligen vegetabilischen. Warhung und Genumistel, Berlin und
  Wien, 1899. VOGLT.
Die tropische Agrikultur. Weimar, 1866.
De sale essentiale Gallarum. SCHEELE.
Echo scientifique, p. 342, 1895.
Estimation of tea tannin. TSWO-WHITE.
Fundamenta materiæ medicæ. KARTHEUSER.
Histoire des plantes les plus remarquables du Brésil et du Paraguay, 1824.
Histoire des drogues simples. PELLETIER, 1801.
Hygiène de l'estomac. MONIN.
Journal « Le Jardin », 1895.
Journal der pharmacie, 4ᵉ série, N. 1464. 1898, Dresden.
Le Maté. MACQUAIRE.
Les nouveaux remèdes. MACQUAIRE, 1896.
Les drogues simples d'origine végétale. PLANCHON et COLLIN.
Les plantes industrielles. HEUZÉ.
Manuel de toxicologie. DRAGENDROFF, 1886.
Manuel de chimie médicale. JULIA FONTENELLE.

Memoria del consulado General de Paraguay en Montevideo. Diaro official
 ascuncion, 1900.
Menschl wahrung und Genumistel. Berlin, 1883.
Notice sur le Paraguay. Cn. Barbier.
Note sur un nouveau procédé de titrage des matières astringentes. Ferd-
 Jean.
Notiz ueber die Gerbsauren von Rochleder zur Gerbstofsbestingmung.
 Simand.
Notice sur le Paraguay. Enrique Plate, Ásuncion, 1899.
Nuovo methodo per doser acido tannico. Carpène.
On liquid diffusion apleed to analyses. Th: Graham.
Observations on an astreigeant vegetable substancia from China.
Oberazt in XII (I.K.S.). Armekorps, Dresden, 1900.
Paraguay Rundschau. Asuncion, 1900.
Recherches chimiques sur les quinquinas. Pelletier et Caventou.
Revue scientifique. Couty, 9 juillet 1881.
Sur la détermination du tannin dans les vins. A. Vigna.
Sur les méthodes de Lowenthal. Suyver.
Thèse sur le maté. Doublet, Paris.
Thèse sur les tannins. Manceau, Paris, 1896.
Ueber den Gerbstoff der Gallæpfel die Eicherunda Berzelius.
Ueber die Metamorphose die Eisengerbsaure in ihrer wasringue Lœsung
 Wackenrœder.
Ueber Chineunischen Gallus. Stein.
Ueber die Bestignung des Gerlestoff. Lowenthal.
Ueber Benzoiltannin. Boettinger.
Zür Ausfuhrung des Paraguay thees. Berichte den deutchs. Pharmacie,
 Berlin, 1898, Dr Siedler.

TABLE DES MATIÈRES

Saint-Brieuc. — Typ. F. Guyon, rue de la Préfecture. — (2041-7-5-5).

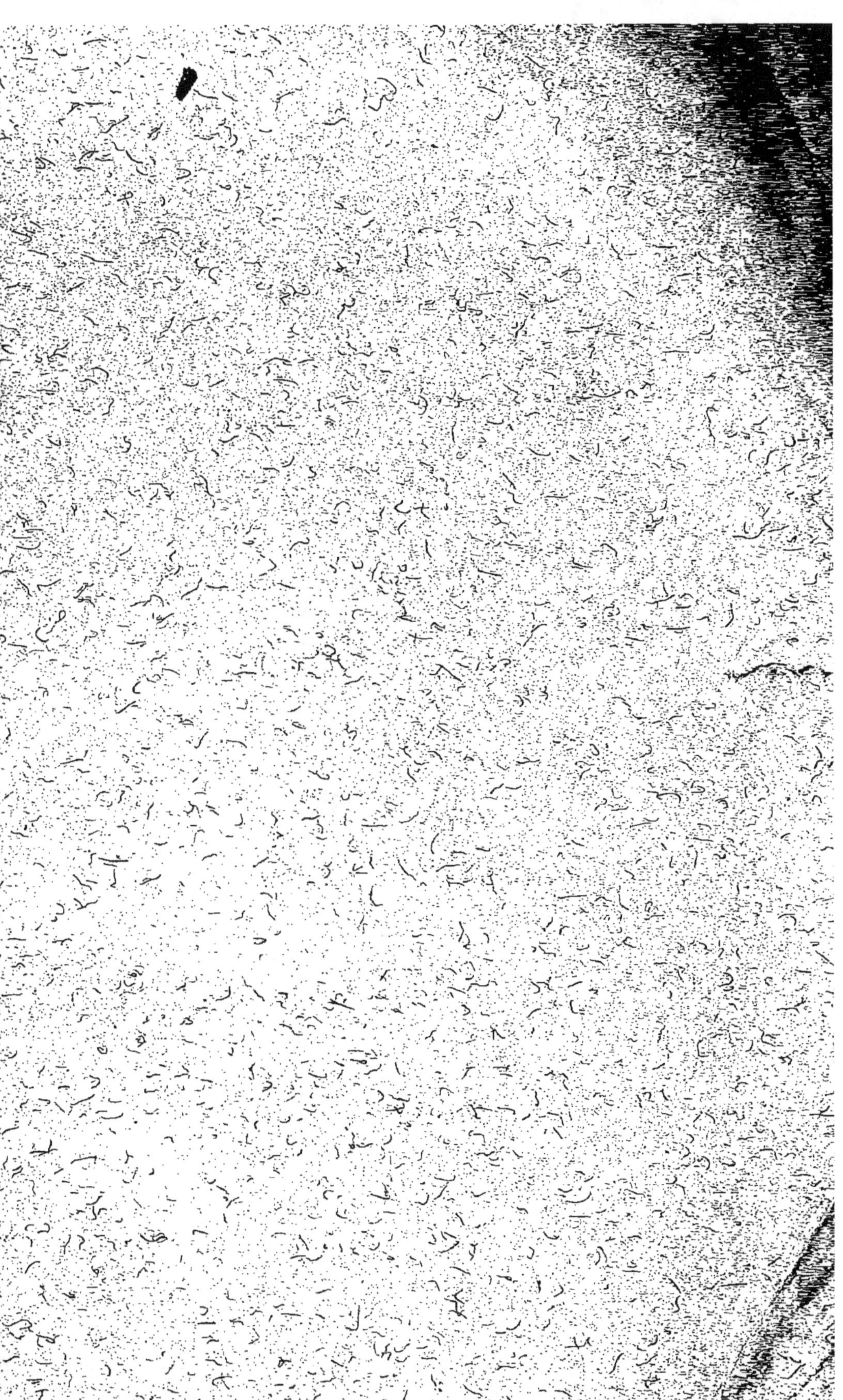

www.ingramcontent.com/pod-product-compliance
Lightning Source LLC
Chambersburg PA
CBHW051237070726
47594CB00013B/557